计算机应用
计算机程序设计
实验指导

王淮生　车光宏　等编著

上海交通大学出版社

图书在版编目(CIP)数据

计算机应用、计算机程序设计实验指导/王淮生等编
著. 一上海：上海交通大学出版社，2006
ISBN 7-313-02393-6

Ⅰ.计… Ⅱ.王… Ⅲ.① 电子计算机-高等学校-教学
参考资料 ② 程序设计-高等学校-教学参考资料 Ⅳ.TP3

中国版本图书馆 CIP 数据核字(2006)第 089944 号

计 算 机 应 用 实验指导
计算机程序设计

王淮生　车光宏　等编著

上海交通大学出版社出版发行
(上海市番禺路 877 号　邮政编码 200030)
电话：64071208　出版人：张天蔚
立信会计出版社常熟市印刷联营厂印刷　全国新华书店经销
开本：787mm×1092mm 1/16　印张：13.5　字数：330 千字
2006 年 8 月第 1 版　2006 年 8 月第 1 次印刷
印数：1～4 050
ISBN 7-313-02393-6/TP·655　定价：20.00 元

前　言

补充和强化计算机操作和程序设计的实验内容,有助于在"计算机应用"和"计算机程序设计"两门课程的理论学习的同时强化实验训练,提高动手能力,以达到熟练掌握计算机应用及基本程序设计技能的教学目的。为此,基于《计算机应用基础教程》和《计算机程序设计基础教程》两本教材的知识结构,编写了《计算机应用、计算机程序设计实验指导》一书。本书在实验指导内容的选择上,注意到既强化基础教程中涉及到的基本操作要求,又增加了技术较高的实际应用技巧,尤其是补充了许多实际应用中应该掌握的细节内容。在实验指导结构的编排上,首先,给出明确的实验目的,指出了相关知识,并给出了利于实验操作的补充知识,并在描述操作时给出了多种方法,并给出了扩展性的提示。

本书组织了两部分实验内容,即计算机应用实验指导与计算机程序设计实验指导。在计算机应用实验指导中,共安排了 14 个实验,其中:Windows 操作实验 4 个,Word 操作实验 5 个,Excel 操作实验 4 个,以及包含有单选题、多选题和判断题的综合练习。在计算机程序设计实验指导中,共安排了 17 个专题实验和一个综合实验,涵盖了《计算机程序设计基础教程》中的各类操作实验。建议在每次实验前,首先看一看实验目的和实验内容介绍,目的明确后,按照实验内容描述的步骤和方法,逐步进行操作。有些实验的内容和操作步骤较为简单,有些则较为复杂,遇到较复杂操作时,一定要按照规定的步骤和方法操作,不可操之过急。实验中,既要注意培养良好的操作习惯,又要动脑筋认真思考,要从典型的实验案例中学会处理相关类型的操作、处理、设计方法,要善于总结、善于运用。实践证明,本书许多案例中所介绍的方法,无论在学习过程中或是在今后的工作中,都有着十分显著的实用意义,切不可仅把实验当作"实验"。

参与本书编写的人员均具有多年计算机课程的教学经验,有着扎实的理论基础和丰富的实际操作经验,并对本书的教学对象应该掌握的操作方法和技巧有充分的了解。因此,本书在内容选编上力求精简、实用;在描述上力求清晰、准确合理;既注意到实验例题的典型性和通用性,又适当地注意到实验的启发性和扩展性。本书的计算机应用部分主要由王淮生老师编写,计算机程序设计部分主要由车光宏老师编写,刘莹老师负责总撰。同时,马季、何宗林、张林、张海、包怀忠、吴延辉、张雪东等老师,为本书提供了若干案例和指导性建议;安徽财经大学教务处及计算机系其他教师对本书内容提出了具体的意见和要求,在此表示感谢。

尽管编写中作者为保证内容的合理、正确,作了不少努力,但错误和纰漏可能难免,欢迎批评指正。(E-mail:acjsjly@aufe.edu.cn)

编者

2006 年 7 月

目　录

第一部分

计算机应用实验指导

实验 1　Windows 的基本操作

实验目的

- 掌握开关计算机的正确方法
- 使用"开始"菜单和任务栏
- 掌握窗口的相关操作
- 掌握键盘的使用方法、指法和鼠标的使用方法
- 学会输入汉字

相关知识

- 计算机的基本结构
- Windows 的基础知识
- 键盘指法
- 鼠标的操作方法及各种鼠标指针形状的含义
- 汉字输入法

实验内容

【任务 1】　开机和关机

1. 计算机的基本配置

一般机房中所配置的微机都有主机、显示器、键盘和鼠标。供学生所用的计算机上通常不配光驱,即不能使用光盘,但通常会配置软驱,可以使用软盘存储文件,另外也可以利用 USB 接口连接 U 盘来保存文件。

2. 开机

使用计算机,一定要记住"先外设后主机"的原则:即先打开外设再打开主机电源! 一般常用的外设包括显示器、音箱、打印机、扫描仪等等。注意,显示器上有一个小小的指示灯,当显示器打开时这个灯会一直亮着,主机也是如此。

当计算机启动并进入到 Windows 桌面的画面时,就可以做练习了。

操作 1　开机。自己试一试。

3

3. 关机

关机时,一定要记得正确的方法,关机的顺序与开机相反:"先主机后外设"。

操作2 关机。步骤如下:

(1) 先关闭所窗口,再点击 Windows 桌面左下角的"开始"按钮;

(2) 点击"关闭计算机";

(3) 在弹出的对话框(如图 1-1)中单击"关闭"按钮;

图 1-1 "关闭计算机"对话框

(4) 在主机电源自动关闭后,再将其余外设顺次关闭即可。

说明:该操作将关闭 Windows,这样就能安全地关闭计算机。许多计算机都自动关闭电源。当再次打开计算机电源时,Windows 会自动启动。

提示 关闭计算机后不要立即开机。

【任务2】 桌面和窗口

1. 认识桌面和任务栏

Windows 启动以后,首先看到的是它的桌面。桌面上有几个排成竖行的图标,每个图标都与一个 Windows 提供的功能相关联,比如说"我的电脑"、"网上邻居",只要双击这些图标,就可以打开相应的窗口。一般情况下,Windows 中每打开一个程序,就会有一个这样的窗口。

操作3 打开"我的电脑"这个窗口。方法:

双击桌面上"我的电脑"图标,并注意观察"任务栏"的变化。

桌面下方的灰色长条是"任务栏",在这个任务栏上可以看到每一个正在运行的程序,比如我们刚才打开的"我的电脑"。任务栏的最左边有一个"开始"按钮,通过点击这个按钮,便可以访问所有的程序和系统设置。

2. 打开应用程序窗口的三种方法

第一种方法:在桌面上建立一些常用应用程序的快捷方式图标。只要双击这些图标就可以打开相应的应用程序;

第二种方法:运用"开始"菜单。因为桌面上的图标太多时会显得很乱,所以一般只将常用的放在桌面上。可以直接从"开始"菜单出发,找到所要的应用程序的名字并单击它启动。

值得注意的是,在"开始"按钮右侧还有几个小图标所在的区域(一般处于任务栏左侧),这是"快速启动栏",单击那些小图标就可以直接打开对应的应用程序,可以根据需要重新设置快速启动栏,把特别常用的应用程序图标"拖进"快速启动栏。

所以常把频繁使用的一些应用程序的图标放置在"快速启动栏"中!设置"快速启动栏"的方法将在下一实验中介绍。

操作 4 打开"写字板"这个应用程序。

请顺次单击:"开始"按钮→"所有程序"→"附件"→"写字板"。

3. 调整窗口的位置、大小等

每个窗口的顶部都有一个横条状的标题栏,通常设置为蓝色,上面有该应用程序的名称,比如写字板的标题栏左侧形如: 文档－写字板 ,在许多窗口中标题栏也包含程序图标,甚至可选的以得到上下文敏感的"帮助"的"?"按钮,在标题栏的右侧通常有 3 个按钮 ,它们从左到右分别叫做"最小化"、"最大化"、"关闭窗口"按钮。要显示有"还原"和"移动"等选项的控制菜单,请右键单击标题栏。

操作 5 移动鼠标指针指向"写字板"窗口的标题栏,按下鼠标左键并随意拖动,该窗口会随着鼠标的移动而移动(此操作应在窗口并非最大化状态时进行)。

操作 6 改变"写字板"窗口的大小。

改变窗口的大小很简单,当把鼠标移动到窗口的左边或右边的边缘时,鼠标就变成了水平方向的双向箭头(此操作应在窗口并非最大化状态时进行),这就表示可以改变窗口在水平方向的大小。此时按下鼠标左键,注意不要松开,然后向左或向右拖动鼠标,会发现有一个虚框随着鼠标的移动而移动。这个虚框就代表了改变后窗口的大小。此时放开鼠标左键,就会发现窗口的大小已经改变了。

类似的,在窗口的上下两个边框(即竖直方向)和四个角,可以用同样的方法改变窗口的大小。

操作 7 请将"写字板"窗口最小化。

操作 8 将刚才最小化的"写字板"窗口重新变为活动窗口。方法:

在任务栏上找到"写字板"窗口的图标,点击一下,隐藏着的窗口又出现了。

操作 9 请将"写字板"窗口最大化。方法:

点击"写字板"窗口标题栏右侧的最大化按钮或者双击其标题栏即可。

注意,这时最大化按钮会变成还原按钮 !

操作 10 请将"写字板"窗口还原。方法:

点击"写字板"窗口标题栏右侧的还原按钮或者双击其标题栏即可。

操作 11 请将"写字板"窗口关闭。

方法:点击"写字板"窗口标题栏右侧的关闭按钮。

【任务 3】 在"写字板"中录入文字

如果学会了在写字板中以正确的方法输入文字,那么就可以用同样的方法在其他文字编辑窗口中输入文字，比如 Word、WPS 等等。

操作 12 输入一篇自选的文章。方法如下：

（1）先启动"写字板"；

（2）录入文字。在写字板的编辑窗口中录入文字时，通常先输入文章标题，然后敲"Enter"键回车换行，再录入正文。汉字输入法可参考教材中的"汉字输入法"一节；

（3）在输入正文的内容时，每一段的开头并不需要输入两个空格，因为可以给所有段落设置"首行缩进"（操作 15 介绍）；

（4）每一个自然段结束时都敲"Enter"键结束。

【任务 4】 简单的文字修饰、段落调整及文件保存

当一篇文字正确输入以后，还要设置段落格式以及文字格式，比如改变字号、字形、字体、字的颜色、段落的左右缩进及首行缩进等等。

1. 通过"格式"菜单修改文字格式

操作 13 将文字设为"粗体"。步骤如下：

（1）先选择要修饰的文字，即拖动鼠标"经过"要选择的那些文字，则那些文字会加亮突出显示；

（2）再选择菜单："格式"→"字体"；

（3）在弹出的对话框中将字形选为"粗体"，其余可根据需要选择；

（4）单击"确定"按钮。

以上以字体"加粗"为例，对文字的修饰一般有："倾斜"、"下划线"、"字符边框"、"字符缩放"、"字符底纹"、"字体颜色"以及字体、字形、字号、字间距、居中、左对齐、右对齐、样式等等。但写字板中的对文字和段落的设置显然没有 Word 中那么丰富！但对于刚刚我们提到的常用格式，在写字板中我们既可通过菜单也可通过"格式栏"设置，通过"格式栏"操作将更为简便，请看下面的操作 14。

2. 通过"格式栏"修改文字格式

操作 14 将文字设为"倾斜"。步骤如下：

（1）先选择要修饰的文字；

（2）点击"格式栏"中的"倾斜"按钮（如图 1-2）。

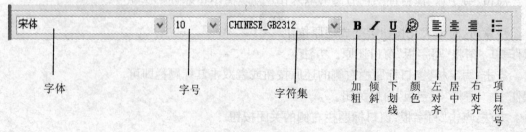

图 1-2 写字板的"格式栏"

　　注意　格式栏上有些组合框具有"下拉列表"（如图 1-3"字体"组合框），单击组合框右侧的小按钮打开下拉列表进行选择即可（如图 1-4）。

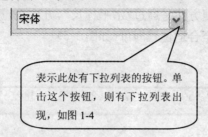

图 1-3　"字体"组合框

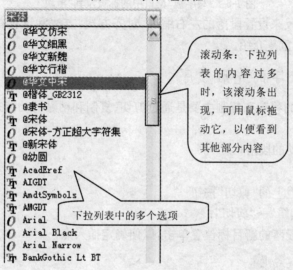

图 1-4　打开的下拉列表

3. 设置段落格式

操作 15　设置段落首行缩进。

　　（1）将光标置于要设置的段落（单击该段任意置），或选择要设置的所有段落；

　　（2）选择菜单"格式"→"段落"，则弹出"段落"对话框，如图 1-5 所示；

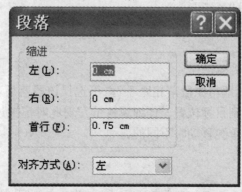

图 1-5　"段落"对话框

（3）用鼠标单击标识着"首行"的文本框，并输入缩进的距离，如"0.75cm"；

（4）单击"确定"按钮。

设置首行缩进的另一简便方法是通过"水平标尺"，方法是：选择要设置的段落，再用鼠标拖动标尺上尖朝下的小三角至合适位置即可（如图1-6）。

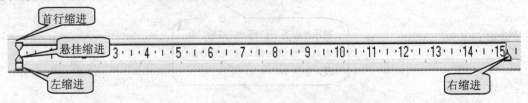

图1-6　"写字板"窗口中的标尺及其"滑块"

当然也可利用标尺来设置段落的左右缩进、对齐方式，方法和设置首行缩进类似，请参照图1-6所示，这里不再重复介绍。

4. 调整段落和文字的先后顺序

对文章中的段落的移动和复制主要是通过剪切、复制和粘贴的功能来实现的。

操作16　段落移动。

（1）先选择要移动的段落；

（2）再单击工具栏上的"剪切"按钮　；

或者选择菜单"编辑"→"剪切"；

（3）移动鼠标到段落的新目标位置单击，以便确定插入点；

（4）单击"粘贴"按钮　；

或者选择菜单"编辑"→"粘贴"。

提示　若段落只移动到邻近区域，可选择该段落后直接用鼠标将其拖拽到目标位置。

操作17　段落复制。

（1）先选择要复制的段落；

（2）再单击工具栏上的"复制"按钮　；

或者选择菜单"编辑"→"复制"；

（3）移动鼠标到目标位置单击，以便确定插入点；

（4）单击"粘贴"按钮；

或者选择菜单"编辑"→"粘贴"。

提示　若段落的复制的目的地与原段落相距不远，可选择该段落后，按住键盘上的Ctrl键不松，再直接用鼠标将其拖拽到目标位置。仔细观察可发现此时拖拽过程中随鼠标而移动的指针旁有个加号标记，这是与单纯移动时不同的。

5. 保存文件

操作18　将前面操作中编辑好的文档保存到"D：盘"，并命名为"我的文件.txt"。步骤如下：

（1）选择菜单中"文件"→"保存"；

注意观察菜单,有很多选项都标明了快捷键,保存的快捷键是 Ctrl+S,所以若不选菜单,直接按住 Ctrl 键不松,再按 S 键的话,也一样可以执行保存的任务;

或直接点击"工具栏"上的"保存"按钮 ![保存] 也可;

(2) 随后会出现"保存为"对话框(如图 1-7),需要做如下操作:

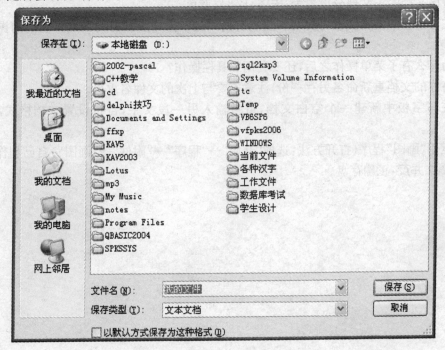

图 1-7　"写字板"的"另存为"对话框

① 在"保存在"一栏中正确选择所需的保存位置"本地磁盘(D:)";

② 在"文件名"一栏中输入你对该文件的命名,单击该处文本框并输入"我的文件",注意:不需要输入扩展名".txt"! 扩展名是由文件类型来自动确定的;

③ 在"文件类型"一栏中选择"文本文档";

(3) 若前面操作正确,请点击"保存"按钮,否则点击"取消"。

注意,保存文件的工作十分重要! 要另存一份,比如用新的文件名保存该文件的话,请单击"文件"菜单上的"另存为"命令,在"文件名"中键入新的文件名,然后单击"保存"。应将使用多种语言的文档保存为多信息文本文件(.rtf)。

该操作也可以不用菜单,直接利用工具栏,请参考图 1-8 所示的写字板中的工具栏解析图。

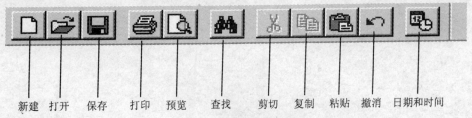

新建　打开　保存　打印　预览　查找　剪切　复制　粘贴　撤消　日期和时间

图 1-8　写字板的"工具栏"

习题 1

1. 尝试以用各种方式打开你利用写字板建立、编辑的文字。

2. 将该文档标题设置为：黑体、16 号、加粗、蓝色、居中。

3. 将该文档的正文部分设置为：宋体、12 号、蓝色。

4. 在写字板中编辑文章时剪切和复制有何用处？操作步骤有何区别？它们的操作方法是否唯一？

5. 为什么有了菜单操作之后，还要利用工具栏操作？

6. 将你的文档重新命名另存一份，注意不要与上次的文件名重名。

7. 在写字板中新建一个空白文档，重新输入另一段文字，自行设置文档格式，并存储起来。

8. 运用"画图"程序（打开方法：选择"开始"→"程序"→"附件"→"画图"）自己创作一副图画，要求图文并茂，正确存盘。

实验 2 Windows 的基本设置与帮助

实验目的

- 掌握设置桌面的方法
- 掌握设置快捷方式及快速启动栏的方法
- 掌握使用帮助的方法

相关知识

- 桌面和任务栏
- 快捷方式
- 帮助文件

实验内容

【任务1】 设置个性化的桌面

设置电脑的桌面,令其不但有漂亮的背景,还有特别的风格。设置桌面是通过"显示属性"对话框来完成的。

操作1 打开"显示属性"对话框(如图 2-1)。

方法 1:在桌面的空白区域单击右键,从快捷菜单中选择"属性"。

方法 2:选择"开始"菜单→"控制面板"→"外观和主题"→"显示"。

方法 3:双击桌面图标"我的电脑"→选择"控制面板"→"外观和主题"→"显示"。

操作2 设置桌面壁纸。步骤如下:

(1) 打开"显示属性"对话框,方法如前面操作1;

(2) 在对话框中选择"桌面"选项卡,如图 2-2 所示;

提示 该对话框上有 5 个选项卡,分别是"主题"、"桌面"、"屏幕保护程序"、"外观"、"设置";

(3) 在"桌面"选项卡的"背景"列表框中可以看到 Windows 提供的一些墙纸,我们任意选择其一,就可以在该对话框中看到预览效果了;

(4) 在"桌面"选项卡的"位置"组合框中,根据所选图片自身特点进一步选择"居中"、"平铺"或"拉伸";

(5) 配合前面的位置选择,若从"颜色"中选择桌面颜色,该颜色可填充在图片没有使用的空间;

(6) 此外,单击"浏览",可在其他文件夹或其他驱动器中搜索别的背景图片。可以使用具

11

有下列扩展名的文件:．bmp,．gif,．jpg,．dib,．png,．htm；

(7) 点一下"确定"按钮,桌面就会自动换上了新"壁纸"；

(8) 在"任务栏"的"快速启动栏"中点一下"显示桌面"按钮 ,可令所有正在打开的窗口和对话框都同时最小化,以便看看桌面壁纸的效果。

提示 不知道快速启动栏中哪个是"显示桌面"按钮不要紧,当指针指向其中各个小图标时,稍做停留,都会出现相关提示信息。当然,在任务栏的空白处单击鼠标右键并选择"显示桌面"也可令所有打开的窗口和对话框都最小化以便看到桌面。

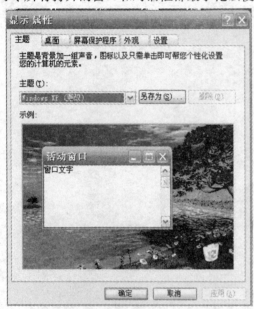

图 2-1 "显示属性"对话框"主题"选项卡   图 2-2 "显示属性"对话框"桌面"选项卡

在桌面上打开"我的文档"即可找到"图片收藏"文件夹。可以将搜集到的一些漂亮的图片保存到"图片收藏"文件夹中,这样在桌面属性的壁纸列表中将显示出所保存的图片,可以非常方便地将其设置为壁纸。如果选择的是一个动态 GIF 文件做壁纸,桌面就会动起来了!

操作 3 将图片用作桌面背景的另一方法:

(1) 打开"图片收藏"文件夹或含有图片的文件夹；

(2) 单击想要用作为桌面背景的图片；

(3) 单击左侧"图片任务"栏下的"设为桌面背景"；

提示 也可右键单击所选取中的图片文件,然后单击"设为桌面背景"。

"我的文档"即为用户的个人文件夹。它含有两个特殊的个人文件夹,即"图片收藏"和"我的音乐"。可将个人文件夹设置为在此计算机上有用户帐户的每个人都可以访问,或设置为专用(这样只有您可以访问其中的文件)。

Windows 为计算机上的每一个用户创建个人文件夹。当多人使用一台计算机时,它会使用用户名来标识每个人的文件夹。例如,如果 John 和 Jane 使用同一个计算机,则有两组个人文件夹:John 的文档、音乐和图片,Jane 的文档、音乐和图片。由 John 登录计算机时,他的个人文件夹会显示为"我的文档"、"图片收藏"和"我的音乐";而此时 Jane 的个人文件夹则会显示为"Jane 的文档"、"Jane 的图片"和"Jane 的音乐"。

【任务 2】　设置或更改屏幕保护程序

最初,屏幕保护程序的目的的确是为了保护显示器,延长显示器的寿命。现在,"屏保"已经成为一种时尚的标志,成为"桌面革命"的内容之一。

选择屏幕保护程序后,如果计算机空闲了一定的时间(在"等待"中指定的分钟数),屏幕保护程序就会自动启动。如要在屏幕保护程序启动后将其清除,移动一下鼠标或按任意键即可。

操作 4　设置屏幕保护程序为"三维文字"效果。步骤如下:

(1) 打开"显示属性"对话框,单击"屏幕保护程序"选项卡(如图 2-3);

图 2-3　"显示属性"对话框"屏幕保护程序"选项卡

(2) 打开"屏幕保护程序"下拉列表,选择"三维文字",则"预览屏幕"上立刻出现一个舞动的字。再点一下"预览",看看大画面的效果,移动一下鼠标返回到设置画面;

(3) 设置等待时间为"5min",请在"等待"文本框中输入 5;

提示　如果设置等待时间,比如,选择"10min",其作用是"如果有连续的 10min,既没有操作鼠标也没有操作键盘就启动屏幕保护程序"。

(4) 选择"在恢复时使用密码保护"复选框;

提示　选中"在恢复时使用密码保护"复选框将在激活屏幕保护程序时锁定用户的工作站。重新开始工作时,系统将提示用户键入密码进行解锁。屏幕保护程序密码与登录密码相同。如果没有使用密码登录,用户将不能设置屏幕保护程序密码。受密码保护的屏幕保护程序可防止在用户离开时,其他用户查看屏幕并使用计算机。

(5) 还可以将屏幕上舞动的字换成自己设置的文字。方法如下:

① 单击"设置"按钮;

② 弹出"三维文字设置"窗口,如图 2-4;

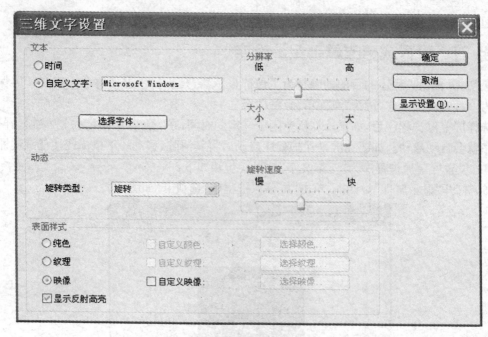

图 2-4 "三维文字设置"对话框

③ 在左上角的"自定义文字"栏中就可以输入自己设置的文字等等；

④ 还可以把"字体"调的更大一点，分辨率也调高一些；这里还有三种"旋转样式"，另外还可以重新选择字体；

⑤ 最后点"确定"按钮返回"显示属性"对话框，如要撤消设置请点击"取消"按钮；

提示 每个屏幕保护都有着各自的设置内容，有的可能还没有。

⑥ 再点击"显示属性"对话框中的"确定"按钮完成操作。

【任务 3】 任务栏的设置

Windows 启动以后，桌面上有几个排成竖行的图标，每个图标都与一个 Windows 提供的功能相关联，比如说"我的电脑"，只要双击"我的电脑"的图标，就可以打开相应窗口。

桌面下方的灰色长条是"任务栏"，在任务栏上可以看到每一个正在运行的程序。当然"任务栏"是可以移动、锁定或隐藏的，需要在任务栏上放置什么也是可以选择的。

任务栏的最左边有一个"开始"按钮，通过点击这个"开始"按钮可以访问所有的程序和系统设置，单击"开始"按钮，在弹出菜单中有一项"程序"，在"程序"中包含了所有我们安装过的程序和 Windows 自带的工具。

"开始"按钮旁边还有几个小图标所在的区域是"快速启动栏"，单击这些小图标就可以直接打开相应的应用程序。

任务栏的右边的区域可以挤满发生一定事件(如收到电子邮件或打开"任务管理器")时所显示的通知图标，称之为"通知区域"。Windows 在发生某事件时显示通知图标，不久后，Windows 即把该图标放入后台以简化该区域。通过单击通知区域中的按钮可以访问已放入后台的图标。通知区域会显示时间，也可以包含快速访问程序的快捷方式，例如，"音量控制"和"电源选项"。其他快捷方式也可能暂时出现，主要提供关于活动状态的信息。例如，将文档发送到打印机后会出现打印机的快捷方式图标，该图标在打印完成后消失。

操作 5　对"任务栏和开始菜单属性"对话框的"任务栏"选项卡上通知图标的行为进行自定义。操作方法如下：

（1）请用右键单击任务栏上的空白区域；

（2）在快捷菜单上单击"属性"；

（3）在随后打开的"任务栏和开始菜单属性"对话框（如图 2-5）中有"任务栏"和"开始菜单"两个选项卡；

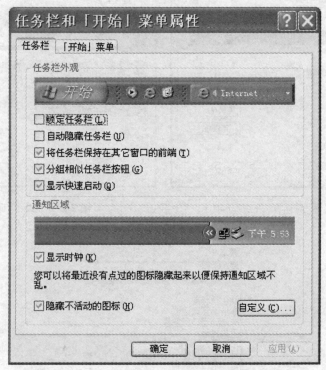

图 2-5　"任务栏和[开始]菜单属性"对话框

（4）请根据需要设置，比如选择"显示时钟"、"自动隐藏任务栏"等复选框；

（5）单击"确定"完成设置。

【任务 4】　更改 Windows 元素的外观

设置屏幕保护的"显示属性"对话框中还有一个"主题"选项卡（如图 2-1），主题是对计算机桌面提供统一外观的一组可视化元素。主题决定了桌面上的不同图形元素的外观，例如窗口、图标、字体、颜色、背景及屏幕保护图片等元素。用户可自己根据需要调整每个元素相应的设置，例如颜色、字体或字号。比如，将图标的字号放大，改变窗口的颜色等等。

操作 6　更改 Windows 元素的外观。

（1）打开"显示属性"对话框，选择在"外观"选项卡（如图 2-6）；

（2）单击"高级"按钮，弹出"高级外观"对话框（如图 2-7）；

（3）在其"项目"列表（如图 2-8）中选择要更改的元素，比如"菜单"、"图标"；

提示　对于没有显示文本的元素，则"字体"区将无效；

15

（4）单击"确定"来保存所做的更改。

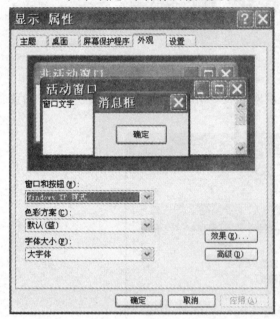

图 2-6 "显示属性"对话框"外观"选项卡   图 2-7 "高级外观"对话框

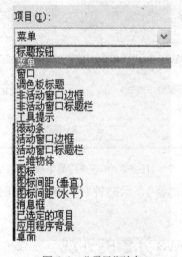

图 2-8 "项目"列表

　　只有在"外观"选项卡上的"窗口和按钮"列表中选择"Windows 经典样式"，改变单个项目的外观才是有用的。如果选择不同的选项，该主题决定菜单、字体、图标和其他 Window 元素的外观。主题影响桌面的整体外观，包括背景、屏幕保护程序、图标、窗口、鼠标指针和声音。如果多人使用同一台计算机，每个人都有自己的用户帐户，每个人都可以选择不同的主题。

操作 7 选择新的主题。

　　（1）在"控制面板"中打开"显示"；

　　（2）在"主题"选项卡上的"主题"下，选择新的主题；

　　（3）单击"确定"完成操作。

【任务 5】　设置快捷方式

通常在桌面放置常用应用程序的快捷方式图标,有些应用程序在安装时会自动地在桌面添加其快捷方式图标,而有些设置成开机就自动启动的应用程序甚至会在任务栏右侧的通知区域放置其图标,一开机就自动出现,比如一些常用的杀毒软件、电子词典等。应当经常整理桌面,把不常用的清除或者统一放在一个文件夹内,为常用的应用程序在桌面上建立或保留其快捷方式图标。下面学习如何在桌面上建立设置快捷方式。

1.　在桌面上设置快捷方式

操作 8　从"开始"菜单出发启动"扫雷"游戏。步骤:

(1) 单击"开始"按钮;

(2) 依次选择"程序"→"附件"→"游戏"→"扫雷"。

至此,打开了这个游戏,但这个过程比较烦琐,可以在桌面上放一个图标,双击后就可直接启动。试试下面的操作。

操作 9　制作扫雷游戏的快捷方式图标,步骤:

(1) 单击"开始"按钮;

(2) 依次选择"程序"→"附件",然后用鼠标右键来单击"扫雷",而不是左键;

(3) 在随后弹出的快捷菜单上选择"发送到"→"桌面快捷方式"。

这时桌面现在桌面上多了一个扫雷游戏的图标,以后扫雷时,只要在桌面上找到它的图标双击就行。

其他所要打开的项目都同样能在桌面上放置快捷方式。

操作 10　为别的项目(比如你常用的文件夹等等)在桌面上放置快捷方式。方法如下:

(1) 在桌面上双击"我的电脑"的图标;

(2) 在"我的电脑"窗口中,双击驱动器或文件夹打开它们,然后在其中单击选择所需的项目:如文件、程序、文件夹、打印机或计算机等等;

提示　驱动器是通过某个文件系统格式化并带有一个驱动器号的存储区域。存储区域可以是软盘、CD、硬盘或其他类型的磁盘;

(3) 顺次单击"文件"菜单→"创建快捷方式",窗口中就会出现快捷方式图标;

(4) 调整窗口大小,以便可以看到桌面;

(5) 将新的快捷方式拖动到桌面。

当然创建快捷方式还有别的方法,如用鼠标右键将项目直接拖到桌面上,然后在自动弹出的快捷菜单上选择"在当前位置创建快捷方式"。

要更改快捷方式的属性,请右键单击该快捷方式,然后单击"属性"。

删除某项目的快捷方式之后,原项目不会被删除。它仍在计算机中的原始位置。

2.　在快速启动栏上添加程序

当然,还有比快捷方式更简便的方法。可以利用任务栏上的快速启动栏。在"我的电脑"或"Windows 资源管理器"中,或桌面上,单击所需应用程序的图标,然后将其拖动到任务栏的"快速启动"部分(通常位于"开始"按钮右侧),则该程序的图标将出现在"快速启动栏"中。

操作 11 在快速启动栏生成扫雷游戏的小图标。

（1）在桌面上找到前面的操作中在桌面上生成的扫雷快捷方式图标；

（2）直接用鼠标拖动到快速启动栏上所需的位置，当看到一个竖线状的插入点时松开鼠标。

这样，这个小图标已经放到快速启动栏上了，只要单击这个小图标就可直接启动扫雷游戏了。如果"快速启动栏"中图标放置的位置不合适，可以拖动它们向左或向右调整一下。

操作 12 将快速启动栏上的扫雷游戏小图标删除。

（1）在快速启动栏上用鼠标右键单击这个小图标，选择"删除"，或者直接把这个图标拖向桌面。

（2）然后会看到弹出一个对话框，想一想下面该怎么做？自己试一试。

注意 如果未显示"快速启动"栏，请用右键单击任务栏上的任意空白区域，指向"工具栏"，然后单击"快速启动"。

【任务 6】 获取帮助

Microsoft 帮助和支持中心是帮助用户学习使用 Windows XP 的完整资源。它包括各种实践建议、教程和演示。使用搜索特性、索引或目录查看所有 Windows 帮助资源，其中包括那些 Internet 上的资源。Windows 的帮助程序提供了多种阅读方式，目录是按照应用的范围类划分的。可能已安装在计算机上的其他程序也都包含其自己的帮助主题，例如，Microsoft Office Word 或 Microsoft Office Excel 等等。可以在那些特定的程序内进行查阅。

懂得如何通过查询"帮助"来了解一些自己需要的内容是十分重要的，Windows 的"帮助和支持"中的资料相当完整。

操作 13 如果要查找关于"TCP/IP"协议的信息，可以使用帮助中的搜索功能。步骤如下：

（1）单击"开始"→"帮助和支持"；

（2）在"搜索"文本框内输入要查找内容的关键字"TCP/IP"（如图 2-9）；

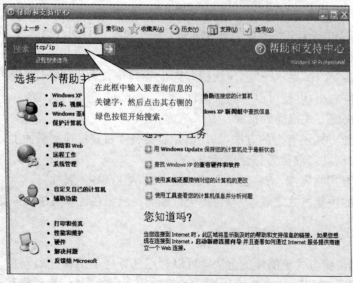

图 2-9 Windows XP 的帮助和支持

（3）单击"开始搜索"按钮 ![button]，很快就会列出许多结果；

（4）可在窗口左边所列出的诸多主题中查看，在所需的主题上单击，右边就会列出详细的帮助文字；

（5）如果认为这篇文字很有用，以后还需要参看，可以点击"添加到收藏夹"按钮 ![添加到收藏夹(F)]，将其收藏。以后再阅读时，只需要单击帮助窗口中的"收藏夹"按钮 ![收藏夹(A)]，双击这个主题即可。

习题 2

1. 搜索喜欢的图片用来重新设置桌面。
2. 设置屏幕保护程序。
3. 将图标的字体设置为 12 号。
4. 为写字板设置桌面快捷方式。
5. 从帮助中搜索有关"控制面板"的主题，并认真阅读。

实验 3　Windows 的文件操作(上)

实验目的

- 理解文件及文件夹的概念
- 掌握文件及文件夹的操作
- 了解查询文件及文件夹的路径
- 掌握"我的电脑"的用法

相关知识

- 文件、文件夹、路径的概念
- "我的电脑"

实验内容

【任务1】　浏览文件目录结构

要想浏览文件目录结构通过"我的电脑"或者"Windows 资源管理器"都可以,它们的用法类似。

"我的电脑"提供了计算机上所有文件夹的简单视图。也可以用来处理单个文件夹中的多个文件,创建新的子文件夹或更改子文件夹名称而重新组织文件夹的内容。

"Windows 资源管理器"显示了您计算机上的文件、文件夹和驱动器的分层结构。同时显示了映射到您计算机上的驱动器号的所有网络驱动器名称。

它们都可以用来复制、移动、重新命名以及搜索文件和文件夹。

操作1　打开"我的电脑"。方法:双击桌面上名为"我的电脑"的图标。

操作2　打开"Windows 资源管理器"。

方法1:顺次单击"开始"→"所有程序"→"附件"→"Windows 资源管理器"。

方法2:以右键单击"开始"并选择"资源管理器"。

方法3:以右键单击"我的电脑"并选择"资源管理器"。

方法4:在"我的电脑"或"资源管理器"中以鼠标右键单击某个要查找的文件夹的图标,再选择"资源管理器"也可。

【任务 2】　创建文件和文件夹

1. 文件夹

　　文件夹是用于图形用户界面中的程序和文件的容器,在屏幕上由一个文件夹的图形图像(即图标)表示,如图 3-1,表示名为"WINDOWS"的文件夹。文件夹是在磁盘上组织程序和文档的一种手段,其中既可包含文件,也可包含其他文件夹。

图 3-1

2. 文件

　　文件是指一个完整的、有名称的信息集合。例如,程序、程序所使用的一组数据或用户创建的文档等等。文件是基本存储单位,它使计算机能够区分不同的信息组。文件也是数据集合,用户可以对这些数据进行检索、更改、删除、保存或发送到一个输出设备(例如,打印机或电子邮件程序)。

　　有关文件的概念及命名规则,请参考教材中有关文件管理的内容。

3. 路径

　　文件或文件夹的路径实际上就是存放它们的地址。一个文件的完整路径通常包括:它所在的磁盘的盘符、它所在的文件夹的名称(包括所有上级文件夹)、它的全名。

　　例如:C:\WINDOWS\Help\windows. chm

　　它表示在 C 盘上有文件夹 WINDOWS,在 WINDOWS 的下面又有文件夹 Help,在 Help 的下面有一个名为 windows. chm 的文件。

　　这是一个 Windows 的帮助文件。想要打开它的话,可打开"我的电脑"或"资源管理器",再顺次双击:C:盘图标→WINDOWS 文件夹图标→Help 文件夹图标→文件名为 windows. chm 的图标。由于通常根据图标的不同来区别不同类型的文件,所以文件的扩展名一般情况下是隐藏起来并不显示的,想要显示的话请参考下面的操作 5。

　　下面通过具体的操作来了解这些概念。

　　想要对文件或文件夹操作,请先打开 "我的电脑"或"资源管理器"。

　　以下各个操作均在"我的电脑"的窗口中进行,后面不再说明。

操作 3　在 C:\(即 C:盘根目录)创建一个名为 MYFILE 的文件夹。步骤:

　　(1) 打开 C 盘。这时"地址栏"上会显示"C:\";

　　(2) 选择菜单"文件"→"新建"→"文件夹";

　　(3) 在窗口出现一个"新建文件夹",立即输入文件夹的新名称:MYFILE,然后回车;

操作 4　在 C:\ MYFILE 这个文件夹下创建一个名为 abc. txt 的文件,其内容为"计算机应用基础"。步骤:

　　(1) 打开 C:盘,方法同前;

　　(2) 选择菜单"文件"→"新建"→"文本文档";

　　(3) 在窗口出现一个"新建文本文档",立即输入它的新名称:abc,然后回车;

提示　文件名不需要输入其扩展名. txt,因为"文本文档"这种类型的文件的扩展名默认为

.txt。同一类型的文件其扩展名是相同的;

(4) 双击文件 abc.txt 的图标打开该文件,然后输入文字"计算机应用基础",存盘后关闭(或关闭时再根据弹出的对话框确定保存)。

对比操作 3 和操作 4,想一想,文件和文件夹有何区别? 各有什么用处? 创建的方法为何不同? 这个两个概念的区分是十分重要的。

操作 5 设置不隐藏扩展名,以使所有文件均能直接显示出扩展名。步骤:

(1) 选择菜单"工具";

(2) 顺次单击:"文件夹选项"→"查看"选项卡;

(3) 在"高级设置"中有许多选项,拖动垂直滚动条找到"隐藏已知文件类型的扩展名",并将此复选框上的对勾去掉(点击一下消去,再点击一下又出现);

提示 每个复选框前有个方框,可以选择一组复选框中的多个。每个单选框前面有个圆圈,只能选择一组单选框中的一个;

(4) 单击"确定"后仔细观察窗口中文件名是否有所变化。

操作 6 在 C:\MYFILE 这个文件夹下创建一个名为 TEXT 的文件夹。步骤:

(1) 双击文件夹 MYFILE 的图标打开它,此时地址栏显示"C:\ MYFILE";

(2) 选择菜单"文件"→"新建"→"文件夹";

(3) 在窗口出现一个"新建文件夹",立即输入文件夹的新名称:TEXT,然后回车。

想一想:在查找文件或文件夹时,如何根据它们的路径来找? 不知道路径又怎么找? 点击"标准按钮"工具栏上的"文件夹"按钮 📁 文件夹 窗口有何变化? 如何利用"搜索"功能来找?

此外,在"我的电脑"的窗口中有"标准按钮"工具栏,其上的"向上"按钮 🔼 和"后退"按钮 ◀ 后退 有何不同用处? 请试一试!

【任务3】 文件的选择

要想对文件或文件夹进行复制、删除、移动或改名等基本操作,得先选取它们! 如何正确而又快速地选取呢? 在练习之前先找到一个含有较多文件的文件夹,然后打开它进行下面的练习。

操作 7 选择一个文件或文件夹。

方法 1:用鼠标左键单击该文件的图标即可。

方法 2:当需要用快捷菜单对文件操作时也可用鼠标右键直接单击该文件图标。

操作 8 选择多个连续的文件或文件夹。

方法 1:先用鼠标单击第一个文件,按下键盘 Shift 后用鼠标单击最后一个文件,可选中多个连续文件或文件夹。

方法 2:使用鼠标拖动出一个虚线框,将所要选择的文件或文件夹选中。

操作 9 选择多个不连续的文件或文件夹。

方法 1:按下键盘上的 Ctrl 键不放,使用鼠标单击需要选中的文件和文件夹。

方法 2:按下键盘上的 Ctrl 键不放,使用鼠标拖动出多个虚线框,可以选中多个不连续的文件组。

操作 10　选择当前目录下的所有文件或文件夹。

方法 1：使用快捷组合键 Ctrl+A，即按住 Ctrl 键不松再按 A 键。

方法 2：顺次单击："编辑"→"全部选定"。

操作 11　反向选择文件或文件夹。步骤如下：

(1) 先选择不需要的各个文件或文件夹；

(2) 再选择"编辑"菜单→"反向选择"命令。

【任务 4】　文件的复制、移动与删除

文件是常常需要复制的，对于不需要的东西也要删除，不然电脑中将塞满了垃圾！有时文件放置的位置不合适，需将它们移动到合适位置上去。因此，学会对文件和文件夹进行复制、移动与删除很重要。

操作 12　先搜索 C:\WINDOWS 文件夹下的所有以 S 打头、扩展名为 .txt 的文件，然后将它们复制到 C:\MYFILE 这个文件夹下。步骤：

(1) 搜索要复制的文件。方法如下：

① 选择"开始"→"搜索"→"所有文件和文件夹"；

② 在名为"全部或部分文件名"的文本框中单击然后输入"S*.txt"；

③ 在名为"在这里寻找"的下拉列表中选择"本地磁盘（C:)"；

④ 在窗口右侧观察搜索的结果；

(2) 在窗口中选定要复制的文件；

(3) 选择菜单"编辑"→"复制"，

或单击工具栏的复制按钮，

或者按 Ctrl+C，

或者用鼠标指向它们再按右键选择快捷菜单上的"复制"；

(4) 打开目标文件夹 C:\ MYFILE，并检查地址栏中是否显示 C:\ MYFILE；

(5) 选择菜单"编辑"→"粘贴"，

或单击工具栏的粘贴按钮，

或者按 Ctrl+V，

或者按鼠标右键选择快捷菜单上的"粘贴"(注意，按右键时鼠标应指向将来要显示文件图标的区域的空白处)。

操作 13　将文件夹 C:\ MYFILE 下面的文件 abc.txt(在操作 4 中建立的)移动到文件夹 C:\ MYFILE\TEXT(在操作 6 中建立的)下。步骤：

(1) 找到文件夹 C:\ MYFILE 打开，选择文件 abc.txt；

(2) 选择菜单"编辑"→"剪切"，

或者按 Ctrl+X，

或单击工具栏的剪切按钮，

或者用鼠标指向文件直接按右键选择快捷菜单上的"剪切"；

(3) 打开文件夹 TEXT，检查地址栏中是否显示 C:\ MYFILE\TEXT；

(4) 选择菜单"编辑"→"粘贴"；快捷键用法同操作 12 第 5 步；

（5）检查结果。方法：先检查当前文件夹中是否已存在该文件，再单击"向上"按钮，回到上级文件夹 C:\ MYFILE，检查原有的文件是否已经不在。

提示　在窗口中直接将文件 abc. txt 的图标拖到文件夹 TEXT 的图标中也可以令该文件移动到文件夹 TEXT 中。

操作 14　将文件夹 C:\ MYFILE 下面不需要的文件删除。

（1）选择不需要的文件（注意，不要选择文件夹）；

（2）选择菜单"文件"→"删除"，或者按 Delete 键；

（3）在随后弹出的"确认文件删除"对话框中点击"是"确认将文件移入回收站。

【任务5】　更改文件名和文件属性

当文件和文件夹的名称不合适时必须对其重命名，这是十分常用的操作。

操作 15　给 C:\ MYFILE 下的文件夹 TEXT 重新命名为 MYTEXT。步骤：

（1）打开文件夹 C:\ MYFILE；

（2）单击文件夹 TEXT；

（3）选择菜单"文件"→"重命名"；

（4）输入 MYTEXT。

提示　用鼠标单击需要重新命名的文件或文件夹的名称部分，稍稍停顿一下，再单击该名称一次，也可以起到同样效果。

操作 16　给文件夹"C:\ MYFILE\MYTEXT"下的文件"abc. txt"重新命名为"file. txt"。步骤：

（1）打开文件夹 C:\ MYFILE\MYTEXT；

（2）选择文件 abc. txt；

（3）选择菜单"文件"→"重命名"；

（4）输入新文件名"file. txt"。

提示 1　如果文件名只是部分修改，则只要拖动鼠标选择需要改变的部分，如"abc"，令其突出显示，再输入要替换的新名称，如"file"。

提示 2　上述操作不要改变扩展名！扩展名不同意味着文件类型不同，不同类型的文件的图标一般是不同的。一般来说，不应随意改变文件的扩展名。

操作 17　给文件夹 C:\ MYFILE\MYTEXT 下的文件 file. txt 重新命名为 file. doc。步骤：

（1）打开文件夹 C:\ MYFILE\MYTEXT；

（2）单击文件名 file. txt；

（3）选择菜单"文件"→"重命名"；

（4）拖动鼠标选择扩展名部分（即 txt），再输入新扩展名 doc 并回车；

提示　扩展名要可见才能修改，方法参考本实验中操作 5；

（5）在弹出的对话中单击按钮"是"；

（6）观察结果。看该文件图标是否随扩展名的变化而变化了。

文件和文件夹都有一些属性。属性用于文件时，能指出文件是否为只读、隐藏、准备存档（备份）、压缩或加密，以及是否应索引文件内容以便加速文件搜索的信息。

文件和文件夹都有属性页，它显示诸如大小、位置以及文件或者文件夹的创建日期之类的信息。查看文件或文件夹的属性时,还可以获得有关如下各项的信息:文件或者文件夹属性、文件的类型、打开文件的程序名称、包含在文件夹中的文件和子文件夹的数目、文件被修改或访问的最后时间。

　　若文件或文件夹的类型不同,则查看属性时可以在其属性页上看到不同的选项卡信息,例如:常规、自定义、共享、摘要、自动播放、安全、快捷方式等选项卡,即它们将针对不同的对象有选择的出现。

操作18　查看或更改文件或文件夹属性。方法如下:

　　(1) 查找所需的文件或文件夹;

　　(2) 单击包含要查看或更改属性的文件或文件夹;

　　(3) 在"文件"菜单上,单击"属性",或者右键单击文件或文件夹,然后单击"属性"。

　　(4) 在对话框中选择相应属性(只读、隐藏、存档等等)的复选框上打勾或取消。

操作19　隐藏 C:\MYFILE 下的文件夹 MYTEXT。方法如下:

　　(1) 找到要隐藏的文件夹 MYTEXT;

　　(2) 右键单击该文件夹,然后单击"属性";

　　(3) 在"常规"选项卡上,选中"隐藏"复选框;

　　(4) 点击"确定",观察文件夹是否不见了?

操作20　查看隐藏文件。方法如下:

　　(1) 请在任意文件夹窗口的"工具"菜单上单击"文件夹选项";

　　(2) 选择"查看"选项卡;

　　(3) 在"高级设置"下,选中"显示所有文件和文件夹";

　　(4) 点击"确定"。

提示　这时,凡具有隐藏属性的文件或文件夹会以虚图标的形式出现。

习题 3

　　1. 在 D 盘(或其他存储器)上建立一些文件夹,它们的目录结构如下:

$$
D:\backslash \begin{cases} Ch\_song \begin{cases} male \\ female \begin{cases} caiqing \\ hanhong \end{cases} \end{cases} \\ En\_song \begin{cases} male \\ female \end{cases} \end{cases}
$$

　　2. 将 C 盘文件夹 WINDOWS 下的以 .TXT 为扩展名的文件复制到文件夹"D:\Ch_song\female\caiqing"下。

　　3. 将 D 盘文件夹"D:\Ch_song\female\caiqing"下的所有文件移动到文件夹"D:\En_song"下。

　　4. 在文件夹"D:\En_song\male"下建立一个名为 MYWJ.TXT 的文件,内容是"安徽财经大学"。

　　5. 将文件夹"D:\En_song\male"下的文件 MYWJ.TXT 改名为 MYABC.TXT。

　　6. 将文件夹"D:\En_song\male"下的文件 MYABC.TXT 改名为 ME.DOC。

　　7. 将文件夹"D:\En_song\male"下的文件 ME.DOC 设置为只读属性。

实验 4　Windows 的文件操作(下)

实验目的

- 掌握"搜索"所需的文件和文件夹的方法
- 设置文件夹选项
- 设置文件和文件夹的显示方式
- 掌握利用回收站恢复文件的方法
- 学会使用工具栏

相关知识

- 资源管理器
- 文件夹选项
- 设置文件夹和文件的查看方式
- 回收站

实验内容

【任务1】　文件或文件夹的搜索

Windows 提供了多种查找文件或文件夹的方法,除了"我的电脑"以外还有:Windows 资源管理器、网上邻居、映射网络驱动器、搜索助理等。

"Windows 资源管理器"提供了查看计算机上所有文件或文件夹的快速方法,它也是将文件从一个文件夹复制或移动到另一个文件夹的好方法。

"网上邻居"可以查看与计算机连接的所有共享计算机、文件或文件夹、打印机和网络上的其他资源。使用"网上邻居"查看网络与使用"Windows 资源管理器"查看计算机相类似。要查看网络上所有可以访问的资源,或者想要知道所需资源的位置,或者要将文件和文件夹从一个网络地点复制到另一个网络地点时,可以使用"网上邻居",这也是用户在机房经常用来互相复制资料的方法。

"搜索助理"(单击"开始",然后选择"搜索")提供了查找文件的最直接的方法。如果要查找常规文件类型,或者记得要查找的文件或文件夹的全名或部分名称,或者知道最近一次修改文件的时间,请使用"搜索助理"。如果只知道部分名称,则可以使用通配符来查找包含该部分名称的所有文件或文件夹。例如,输入 * letter * 可能会找到 Holiday letter. doc、Special letter. doc 和 Special letter. txt。在详细介绍搜索方法之前,必须先了解通配符的用法。

通配符是一个键盘字符,例如星号(＊)或问号(?),当查找文件、文件夹、打印机、计算机或用户时,您可以使用它来代表一个或多个字符。当您不知道真正字符或者不想键入完整名称时,常常使用通配符代替一个或多个字符。

1. 使用"＊"

可以使用星号代替零个或多个字符。对于要查找的文件,如果您知道它以"gloss"开头,但不记得文件名的其余部分,则可以键入以下字符串:

gloss＊

这样会查找以"gloss"开头的所有文件类型的所有文件,包括 Glossary. txt、Glossary. doc 和 Glossy. doc。如果要缩小范围以搜索特定类型的文件,可以键入:

gloss＊. doc

这将查找以"gloss"开头并且文件扩展名为". doc"的所有文件,比如 Glossary. doc 和 Glossy. doc 等。

2. 使用"?"

可以用问号代替名称中的单个字符。例如,当键入"gloss?. doc"时,查找到的文件可能为 Glossy. doc 或 Gloos1. doc,但不会是 Glossary. doc。

在前一实验中曾用过"搜索"的方法查找文件,下面更详细地介绍搜索的方法。

操作1　搜索文件或文件夹。步骤如下:

(1) 单击"开始",然后单击"搜索";

(2) 在弹出的子菜单中选择"所有文件和文件夹";

提示　如果没看见"所有文件和文件夹",很可能是因为更改了默认的搜索方式。设置的方法如下:

① 单击"更改首选项"(如图 4-1);

② 单击"更改文件和文件夹搜索行为"(如图 4-2);

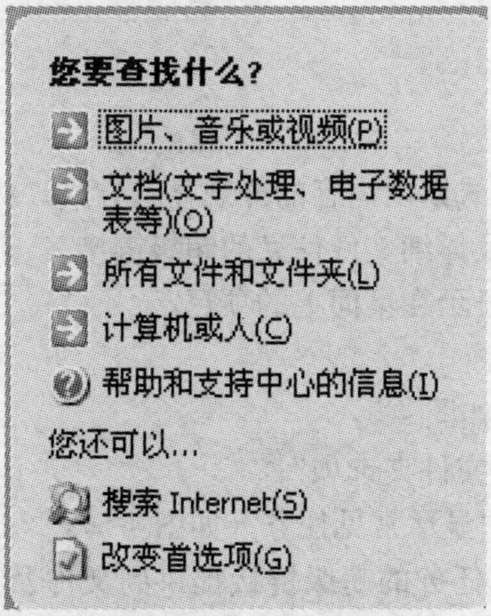

您要查找什么?
- 图片、音乐或视频(P)
- 文档(文字处理、电子数据表等)(O)
- 所有文件和文件夹(L)
- 计算机或人(C)
- 帮助和支持中心的信息(I)

您还可以...
- 搜索 Internet(S)
- 改变首选项(G)

图 4-1　"查找什么"对话框

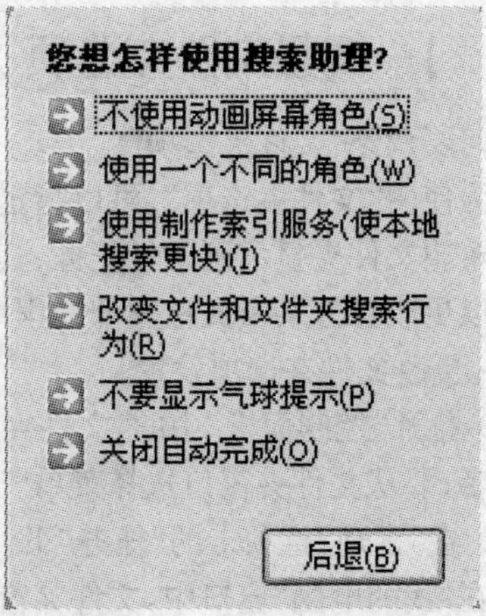

您想怎样使用搜索助理?
- 不使用动画屏幕角色(S)
- 使用一个不同的角色(W)
- 使用制作索引服务(使本地搜索更快)(I)
- 改变文件和文件夹搜索行为(R)
- 不要显示气球提示(P)
- 关闭自动完成(O)

后退(B)

图 4-2　"怎样搜索"对话框

③ 单击"标准",然后单击"确定"(如图 4-3);

(3) 键入该文件或文件夹的全名或部分名称,或者键入文件中所包含的词或短语(如图 4-4);

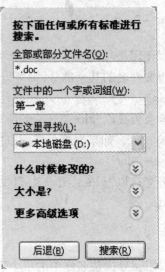

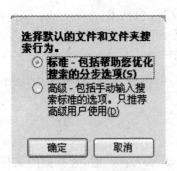

图 4-3　默认搜索行为设置　　　　　　　　图 4-4　"搜索"对话框

(4) 若对信息一无所知或者要进一步缩小搜索范围,请在其余选项中选择一项或多项(如图 4-4):

① 在"在这里寻找"列表框中,单击想要寻找的驱动器、文件夹或网络;

② 单击"什么时候修改的"旁边的按钮,设置要查找文件的创建或修改时间,或者指定创建或修改的时间范围;

③ 单击"大小是?"旁边的按钮,设置要查找文件的大小及范围;

④ 单击"更多高级选项"可指定附加的搜索条件;

(5) 单击"搜索"按钮开始搜索。

【任务 2】　调整文件夹选项

为何要调整"文件夹选项"?

因为使用"文件夹选项",可以指定文件夹的工作方式以及内容的外观显示方式。例如,可以指明希望文件夹显示到常见任务、其他存储位置,以及详细文件信息的超级链接。

可以更改打开某个文件类型的程序。也可以更改显示在桌面上的项目。

操作 2　更改文件夹选项设置。

(1) 打开"控制面板"中的"文件夹选项",其对话框如图 4-5,

或者,要从文件夹窗口选择菜单"工具",然后单击"文件夹选项";

(2) 在"常规"选项卡的"任务"下,选择"在文件夹中显示常见任务"(如图 4-5),

说明　在"我的电脑"窗口中,文件夹窗口左窗格中常见任务的超级链接提供到文件及文件夹管理作业以及到计算机上其他位置(例如"我的电脑"、"共享文档"和"网上邻居"等)的快速访问。默认情况下,Windows 将显示这些链接,因此这些链接可能已经显示在您的文件夹中(如图 4-6)。如果它们没有显示,可以使用"文件夹选项"启用该功能。要在文件夹中禁用该功

能,可以单击"使用 Windows 传统风格的文件夹";

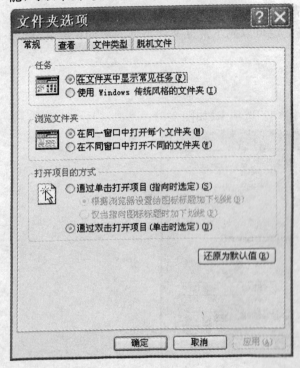

图 4-5 "文件夹选项"对话框   图 4-6 "文件和文件夹任务"栏

（3）在"打开项目的方式"下还可以选择使用单击还是双击来打开项目（如图 4-5）；

（4）显示隐藏的文件：在"查看"选项卡（如图 4-7）的"隐藏文件和文件夹"下面，单击"显示所有文件和文件夹"，

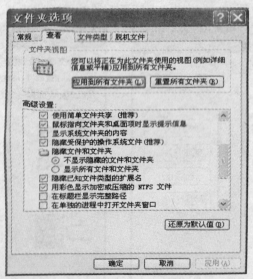

图 4-7 "文件夹选项"对话框的"查看"选项卡

说明 默认情况下,某些文件和文件夹被赋予"隐藏"属性。隐藏的文件和文件夹将显示为淡色以表明它们为非典型项目。通常,隐藏的文件为不应被更改或删除的程序或系统文件。如

计算机应用 览文件(推荐)"复选框；
要显示其他的隐藏文件,请 隐藏已知文件类型的扩展名"复选框(如图 4-7),

（5）显示文件扩展 文件夹。也可以显示常见文件类型的文件扩展名(例如

说明 可以选择显 .txt 或 .htm) 定"按钮。

（6）单 种类型文件的图标样式。

操作3 更 件夹选项"对话框中选择"文件类型"选项卡(如图 4-8)；

（1）在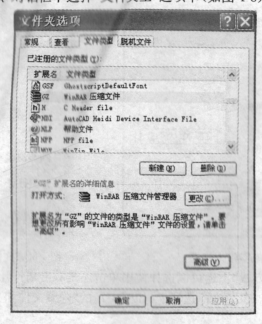

图 4-8 "文件夹选项"对话框的"文件类型"选项卡

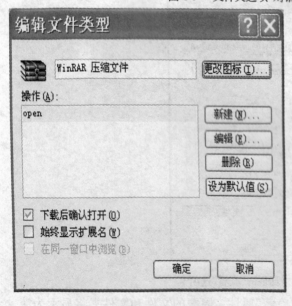

图 4-9 "编辑文件类型"对话框

图 4-10 "更改图标"对话框

(2) 在列表框"已注册的文件类型"中选择要改变图标的某文件类型;

(3) 单击"高级"按钮;

(4) 在弹出的"编辑文件类型"对话框(如图 4-9)中单击按钮"更改图标"按钮;

(5) 在弹出的对话框"更改图标"(如图 4-10)中选择所需要的图标,并单击"确定"返回上级对话框"编辑文件类型";

(6) 在"编辑文件类型"对话框中单击"确定",返回上级对话框"文件夹选项";

(7) 在对话框"文件夹选项"单击"确定"完成操作。

【任务 3】　改变文件或文件夹的显示方式

有时一个文件夹里会放许多文件,为了方便快速地在其中找到所需要的文件,就得改变一下它们的显示方式或对这些图标重新排列。

操作 4　更改在文件夹中查看项目的方式。

(1) 打开要查看的文件夹;

(2) 在"查看"菜单中选择下列之一:

"幻灯片"、"缩略图"、"平铺"、"图标"、"列表"或"详细信息"。

例如:选择"详细信息"。

操作 5　对项目排序。

(1) 选择"查看"菜单;

(2) 指向"排列图标";

(3) 单击适当命令(例如日期、名称、大小和类型)。注意观察窗口中图标的排列是否有不同变化。

操作 6　更改显示的详细信息。

(1) 在"详细信息"视图下,单击"查看"菜单→"选择详细信息";

(2) 在"选择详细信息"对话框中,单击以选中或清除要查看的项目;

(3) 要更改列顺序,请在"选择详细信息"对话框中单击"上移"或"下移"。

【任务 4】　显示或隐藏工具栏

在"我的电脑"的窗口中有"标准按钮"、"地址栏"等工具栏可以方便我们查看和操作,对于常用的操作就不必选菜单了。工具栏本身可以显示或隐藏,其上的按钮也可以根据需要增删。

操作 7　显示或隐藏文件夹窗口中的工具栏。

(1) 选择"我的电脑"窗口的菜单"查看";

(2) 单击"工具栏";

(3) 单击要显示或隐藏的工具栏。

提示　在"查看"菜单上,当前显示的工具栏的旁边有一个复选标记。

其实,我们选择菜单做操作就可以完成所有工作,但有时需要点击鼠标的次数太多,觉得不便,工具栏为我们提供了许多方便,可有些我们自认为很常用的操作却没有在工具栏上设置相应按钮,怎么办呢? 能不能自定义工具栏呢? 当然可以! 不但在"我的电脑"的窗口中可以这样做,在 Office Word 以及别的应用程序的窗口中通常都可以自己重新设置工具栏。请看下面的操作,跟着试一试吧。

操作 8 在"我的电脑"窗口的"标准"工具栏上添加三个按钮：剪切、复制、粘贴。

（1）单击"查看"菜单；

（2）指向"工具栏"，然后单击"自定义"，

或者通过右键单击工具栏，然后单击"自定义"来自定义工具栏；

（3）在"可用工具栏按钮"列表中每选择一个按钮，就单击"添加"一次，以此类推，在本操作中请分别选择："剪切"、"复制"、"粘贴"这三个按钮；

（4）要删除按钮，请在"当前工具栏按钮"列表中选择一个按钮，然后单击"删除"；

（5）要更改工具栏上按钮的位置，请从"当前工具栏按钮"列表中选择一个按钮，然后单击"上移"或"下移"；

（6）可以通过更改"文字选项"或"图标选项"来更改按钮标签的位置和工具栏图标的大小；

（7）要将工具栏按钮还原为默认设置，请单击"重置"，这不会恢复"文字选项"；

（8）"关闭"对话框并观察工具栏的变化。

【任务 5】 文件的删除和恢复

在前一实验中曾练习过文件的删除，现在介绍更多的方法，并且介绍被删除文件的恢复方法。

操作 9 删除文件或文件夹。

方法 1：选择要删除的文件或文件夹，按鼠标右键并选择"删除"。

方法 2：选择要删除的文件或文件夹，选择菜单"文件"→"删除"。

方法 3：选择要删除的文件或文件夹，直接在键盘上按"Delete"键。

以上三种方法执行后都会弹出对话框，询问是否要将该文件或文件夹放入回收站，如果确实要删除，则点击按钮"是"。

也可用键盘组合键 Shift＋Del 来直接删除文件而不放入回收站，这意味着删除后不可恢复！

注意，上机操作时，切不可将有用的文件随意删除，建议先创建自己的文件夹，然后在自己的文件夹下创建或复制一些文件来练习。

准备工作：承接实验 3，假设硬盘上有如下目录结构：

$$C:\backslash MYFILE \begin{cases} 文件夹 MYTEXT \begin{cases} 文件 file.doc \end{cases} \\ s*.txt \end{cases}$$

其中，s＊.txt 表示以字母 s 打头且以 .txt 为扩展名的若干文件。

以下操作如无特别说明，均在"我的电脑"或者"资源管理器"窗口中完成。

操作 10 删除 C:\MYFILE\MYTEXT 下的文件 FILE.DOC。

（1）找到文件夹 MYTEXT 并打开；

（2）鼠标右键单击文件 file.doc 并选择"删除"；

（3）回答"是"。

操作 11 恢复所删除的硬盘上文件或文件夹。

方法 1:选择菜单"编辑"→"撤销删除",或直接按 Ctrl+Z。

方法 2:利用回收站还原已删除的文件,请双击桌面上的"回收站"图标,在"回收站"窗口中找到要还原的文件,然后右键单击之并选择快捷菜单中的"还原"。

操作 12　永久删除文件或文件夹。

方法 1:选择要永久删除的文件或文件夹,按组合键 Shift+Dellete。

方法 2:要永久删除一个文件,可以按住 Shift 键并将其拖动到"回收站"中。此项目将被永久删除而不能通过"回收站"还原。

回收站是 Windows 用来存储被删除文件的场所。既可以使用"回收站"恢复误删除的文件,也可以清空"回收站"释放更多的磁盘空间。

请注意:以下项目没有存储在回收站中,且不能被还原。

(1) 从网络位置删除的项目;

(2) 从可移动媒体(例如 3.5 英寸磁盘)删除的项目;

(3) 超过"回收站"存储容量的项目。

有关回收站的一些注意事项:

(1) 删除回收站中的项目意味着将该项目从计算机中永久地删除。从回收站删除的项目不能还原;

(2) 也可以通过将项目拖到"回收站"来删除它们。但若拖动时按住 Shift 键,则该项目将从计算机中删除而不保存在"回收站"中;

(3) 还原"回收站"中的项目将使该项目返回其原来的位置;

(4) 要一次检索多个项目,请按下 Ctrl 键,然后单击要检索的每个项目。在完成选择要检索的项目后,单击"文件"菜单上的"还原";

(5) 如果还原已删除文件夹中的文件,则该文件夹将在原来的位置重建,然后在此文件夹中还原文件。

操作 13　在桌面上,双击"回收站"图标。根据需要执行下列操作之一:

(1) 要还原某个项目,请右键单击该项目,然后单击"还原";

(2) 要恢复所有项目,请在"编辑"菜单上,单击"全部选定",然后在"文件"菜单上,单击"还原";

(3) 要删除项目,请右键单击该项目,然后单击"删除";

(4) 要删除所有项目,请单击"文件"菜单上的"清空回收站"。

操作 14　还原在前面操作中曾被删除的文件。

(1) 双击桌面上的"回收站"图标;

(2) 在随后打开的"回收站"窗口中选择被删除的文件;

(3) 在左侧"回收站任务栏"中选择"还原此项目"。

习题 4

承接习题 3,假设磁盘上已经有如下目录结构:

$$D:\backslash \begin{cases} Ch\_song \begin{cases} male \\ female \begin{cases} caiqing \\ hanhong \end{cases} \end{cases} \\ En\_song \begin{cases} male \\ female \end{cases} \end{cases}$$

1. 将文件夹"D:\En_song\male"的属性设置为"隐藏"。

2. 通过"文件夹选项"设置"显示所有文件和文件夹"或取消这个设置,观察隐藏的"D:\En_song\male"的图标有何变化。

3. 删除文件夹"D:\En_song\male"。

4. 还原被删除的文件夹"D:\En_song\male"。

5. 在"我的电脑"窗口中的"标准按钮"工具栏上添加"属性"按钮。

6. 查看文件时,将显示方式依次设置为:缩略图、平铺、图标、列表、详细信息,观察文件列表的变化。

7. 查看文件时,将图标的排列方式改变为:名称、大小、修改时间、类型等,观察文件列表的变化。

实验 5　Word 的基本操作

实验目的

- 掌握创建新文档的方法
- 掌握文档打开、保存、关闭的方法
- 掌握文档的基本编辑方法：文字增、删、改和复制、剪切
- 选取文字与图形的方法
- 掌握查找和替换的方法
- 掌握视图切换的方法
- Word 的工具栏的显示与隐藏
- 初步了解文档的安全性知识

相关知识

- Word 的窗口结构及菜单功能
- 文档的基本编辑方法
- 模板
- 文件类型
- 视图
- 文档的安全性

实验内容

【任务 1】　Word 文档的创建与打开

1. 建立空白文档

操作 1　打开 Word 并建立空白新文档。

（1）启动 Word，则会自动建立一个新文档，注意现在标题栏上的文档名称是"文档 1. doc"；

（2）单击工具栏上的"新建空白文档"按钮（如图 5-1），则我们又新建了一个空白的文档，它的名字叫做"文档 2. doc"；

（3）再次单击这个按钮，就会出现"文档 3. doc"，以此类推。

这是新建一个文档最常用的方法。完成操作后，请关闭这些文档。

注意，仅关闭文档和关闭 Word 这个应用程序是不同的，想一想"文件"菜单中的"关闭"和

"退出"的区别是什么？

请试一试：先按住 Shift 键不松，再点击"文件"菜单，看看有何变化？是否出现了"全部关闭"和"全部保存"？想想有何用处？

操作 2 建立自己的文档，输入内容并自己命名保存。

（1）新建一个空白文档，自行输入一段自选的文字或从别处复制；

（2）单击工具栏上的"保存"按钮（如图 5-1），或者选择菜单"文件"→"保存"；

（3）在弹出的"另存为"窗口中确定"保存位置"，比如"我的文档"；

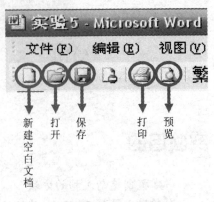

图 5-1　标准工具栏的部分按钮

（4）然后在"文件名"文本框中单击并输入你自己起的文件名，如："My first"，

提示　不需输入扩展名，扩展名由不同的"文件类型"自动确定。例如"Word 文档"的扩展名默认为".doc"；

（5）单击"另存为"窗口右下角的"保存"按钮，"取消"按钮表示暂时取消这次操作不保存。

2. 利用模板创建新文档

利用模板创建新文档等于是利用事先设置好格式或样式的半成品！系统提供的模板越丰富对我们越有利，当然也可以自己制定模板。

操作 3　根据信函和传真模板建立信函文件。

（1）选择菜单"文件"→"新建"，注意，不要用工具栏上的新建按钮！这时在窗口右侧会出现一个"任务窗格"，如图 5-2；

（2）在任务窗格中选择"本机上的模板"；

（3）在打开的"模板"对话框上选择"信函和传真"选项卡，并在其中选择一个模板文档（如：典雅型信函等）；

提示　模板对话框上有许多选项卡，若选择"常用"选项卡上的空白文档，则仅相当于操作 1，即建立了一个空白文档；

图 5-2　新建文档的任务窗格

（4）单击"确定"。

这时一个空白的、已经设置成"典雅型"格式的信函已经生成，你只需填写相应的内容即可。

操作 4　运用模板来创建日历。

（1）在"文件"菜单上，单击"新建"；

（2）在"新建文档"任务窗格中，在"模板"下，单击"本机上的模板"；

（3）单击"其他文档"选项卡；

（4）双击"日历向导"；

提示　如果在"模板"对话框中没有看到该向导，则可能需要进行安装；

（5）按照向导的指导进行操作：输入或选择日期范围等。

通过以上练习，对模板也有了一定的认识，下面把有关模板的知识总结一下。

（1）任何 Microsoft Word 文档都是以模板为基础的。模板决定文档的基本结构和文档设置，通用模板包括 Normal 模板，所含设置适用于所有文档；

（2）文档模板（例如"模板"对话框中的备忘录和传真模板）所含设置仅适用于以该模板为基础的文档；

（3）保存在"Templates"文件夹中的模板文件（.dot）出现在"模板"对话框的"常用"选项卡中。如果要在"模板"对话框中为模板创建自定义的选项卡，请在"Templates"文件夹中创建新的子文件夹，然后将模板保存在该子文件夹中。这个子文件夹的名字将出现在新的选项卡上；

（4）将自己的文档保存为模板类型时，Word 会切换到"用户模板"位置（在"工具"菜单的"选项"命令的"文件位置"选项卡上进行设置），默认位置为"Templates"文件夹及其子文件夹。如果将模板保存在其他位置，该模板将不出现在"模板"对话框中；

（5）保存在"Templates"文件下的任何文档（.doc）文件都可以起到模板的作用。

3. Word 未启动时，直接打开文档

操作 5 查到所需的 Word 文档并打开。方法如下：

（1）在"我的电脑"或"资源管理器"中找到要打开的 Word 文档，或"搜索"之（注意：搜索时可输入文件名，或者输入 *.doc 表示搜索所有 Word 文档）；

（2）双击找到的文件，即可启动 Word 并同时打开该文件。

4. 在 Word 中打开文档的方法

操作 6 在 Word 中，打开所需的 Word 文档。

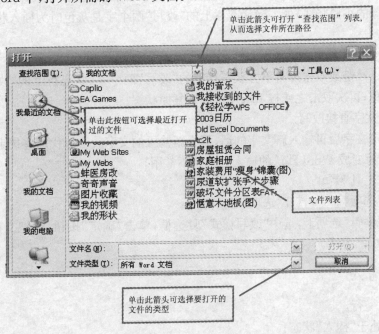

图 5-3 "打开"对话框

（1）先启动 Word；

方法：顺次单击"开始"→"所有程序"→"Microsoft Office"→"Microsoft Office Word"；

（2）顺次单击 Word 菜单："文件"→"打开"，或者单击工具栏上的"打开"按钮；

（3）弹出对话框（如图 5-3），在"查找范围"列表中，单击驱动器、文件夹或包含要打开文件的 Internet 位置，比如，可以在"文件夹"列表中，找到并打开包含所需文件的文件夹；

（4）单击所需文件名，再单击"打开"按钮，或直接双击该文件名，

提示 打开的方式也可以选择，如"以副本方式打开"、"以只读方式打开"。方法是单击"打开"按钮旁边的箭头，再单击"以副本方式打开"或者"以只读方式打开"。解释一下，当以副本方式打开文件时，将在包含原始文件的文件夹中创建文件的一个新副本，所谓只读就不必解释了。

【任务 2】 文字录入及简单编辑

1. 文字及段落的删除

操作 7 使用 Backspace 键进行文字的删除。

Backspace 键的作用是删除光标前面的字符。对于输入错误的字可以用它来直接删除。

操作 8 使用 Delete 键进行文字的删除。

Delete 键的作用是删除光标后面的字符。如果你要删除的文字很多，就先选中这些文字，然后按一下 Delete 键或使用"编辑"菜单中的"清除"命令，就可以把选中的文字全部删除！

2. 文字的改写

Word 有"改写"和"插入"的不同输入状态。在改写状态下输入文字时，光标右边的文字会被新输入的文字代替，而在插入状态下，新输入的文字会插入到插入点（即光标单击文字某处时出现的闪烁的小黑竖线）处。当状态栏上的"改写"两个字是灰色时为插入状态，为黑色时是改写状态。

操作 9 "改写/插入"状态的设置。

按一下 Insert 键或双击屏幕下方状态行上的"改写"两个字，状态行上的"改写"两个字会由灰色变成黑色；再次双击之或按 Insert 键则恢复原状态。

操作 10 选定文字直接改写。

如果先选定文字后再输入新文字的话，那么新输入的文字就会取代那些选定的文字。

操作 11 把改写变成 Word 默认的输入方式：（不常用）

（1）打开"工具"菜单；

（2）单击"选项"命令，打开"选项"对话框；

（3）单击"编辑"选项卡，选中"改写模式"复选框，单击"确定"按钮，就把文档的默认输入方式改为了"改写"方式。

3. 文字的插入

操作 12 插入一行。

（1）确定处于"插入"状态；

（2）光标置于某行首，按回车键。

操作 13　重复输入同样的文字。

（1）输入一个"张三"；

（2）按一下 F4 键；

在文档中就又出现一个"张三"，这对我们要输入相同的内容（如叠字）时特别有用。

4. 文字及段落的复制和移动

有时在完成一项任务以前，我们经常需要搜集一些资料，对于那些电子稿中特别感兴趣的部分我们常常进行摘录，还有的时候我们需要对自己所编辑的文章或其他的内容的顺序进行调整，这就需要进行复制或者移动，文字及段落的复制和移动是我们最经常做的事了！

操作 14　文字及段落的复制。

（1）先选定要复制的文字或段落；

（2）对选定的文字进行复制。方法有：

① 使用"编辑"菜单中的"复制"命令；

② 鼠标指针指向已被选择的文字并单击右键，再选择快捷菜单中"复制"；

③ 使用快捷键 Ctrl+C；

④ 使用常用工具栏上的复制按钮；

（3）找到插入点（即目标位置）单击；

（4）对刚才的文字进行粘贴。方法有：

① 使用"编辑"菜单中的"粘贴"命令；

② 鼠标指针指向已被选择的文字并单击右键，再选择快捷菜单中"粘贴"；

③ 使用快捷键 Ctrl+V；

④ 使用常用工具栏上的粘贴按钮。

操作 15　文字及段落的移动。

（1）先选定要移动的文字或段落；

（2）对选定的文字进行剪切。方法有：

① 使用"编辑"菜单中的"剪切"命令；

② 鼠标指针指向已被选择的文字并单击右键，再选择快捷菜单中"剪切"；

③ 使用快捷键 Ctrl+X；

④ 使用常用工具栏上的剪切按钮；

（3）找到插入点（即目标位置）单击；

（4）对刚才的文字进行粘贴。方法有：

① 使用"编辑"菜单中的"粘贴"命令

② 鼠标指针指向已被选择的文字并单击右键，再选择快捷菜单中"粘贴"；

③ 使用快捷键 Ctrl+V；

④ 使用常用工具栏上的粘贴按钮。

操作 16　移动或复制文字的其他方法：

用鼠标操作：先选中要移动的文字，然后在选中的文字上按下鼠标左键拖动鼠标（注意：若同时按住 Ctrl 键的话就是复制），一直拖动到要插入的地方松开，刚才选择的文字就跑到这儿了，这常用于字句位置的调换。

用键盘执行移动操作：先选定要移动的文字，按 F2 键，光标变成了虚短线，现在用键盘把光标定位到要插入文字的位置，按一下回车键，文字就移动过来了。

复制跟剪切的操作过程差不多，所不同的只是剪切在拷贝到剪贴板的同时将原来的选中部分也从原位置删除了，而复制只将选定的部分拷贝到剪贴板中。

其实，复制、剪切、粘贴的快捷键是最常用的，请同学们记住这些快捷键。

5. 文字和图形的选取

使用鼠标或键盘都可以选择文本和图形，包括不相邻的项（office 2000 及以前的版本不行）。例如，可以同时选择第一页的一段和第三页的一个句子。

Microsoft Word 还提供了其他的方法，用于选定表格中的内容、图形对象或大纲视图？（大纲视图：大纲视图用缩进文档标题的形式代表标题在文档结构中的级别。也可以使用大纲视图处理主控文档）中的文本。

操作 17 用鼠标选定选择不相邻的项。

（1）选择所需的第一项，例如段落或表格单元格？

（单元格：由工作表或表格中交叉的行与列形成的框，可在该框中输入信息）；

（2）按住 Ctrl，选择所需的其他项；

（3）继续按住 Ctrl，同时选择所需的其他项。

注释 只能选择相同类型的多个对象，例如不相邻的两个或多个选定文本，两个或多个浮动图形。（浮动对象：插入绘图层的图形或其他对象。可在页面上为其精确定位或使其位于文字或其他对象的上方或下方。）

操作 18 用鼠标选定文字和图形。

（1）选择任何数量的文本：拖过这些文本；

（2）选择一个单词：双击该单词；

（3）选择一行文本：将鼠标指针移动到该行的左侧，直到指针变为指向右边的箭头，然后单击；

（4）选择一个句子：按住 Ctrl，然后单击该句中的任何位置；

（5）选择一个段落：将鼠标指针移动到该段落的左侧，直到指针变为指向右边的箭头，然后双击。或者在该段落中的任意位置三击；

（6）选择多个段落：将鼠标指针移动到段落的左侧，直到指针变为指向右边的箭头，再单击并向上或向下拖动鼠标；

（7）选择一大块文本：单击要选定内容的起始处，然后滚动要选定内容的结尾处，在按住 Shift 同时单击；

（8）选择整篇文档：将鼠标指针移动到文档中任意正文的左侧，直到指针变为指向右边的箭头，然后三击；

（9）选择页眉和页脚：在普通视图中，单击"视图"菜单上的"页眉和页脚"；在页面视图中，双击灰色的页眉或页脚文字；

（10）选择一块垂直文本（表格单元格中的内容除外）：按住 Alt，然后将鼠标拖过要选定的文本；

（11）选择一个图形：单击该图形；

　　（12）选择一个文本框或框架：请单击图文框内部，然后将鼠标移动到框架或文本框的边框之上，直到其指针变成四向箭头，然后单击鼠标，就会看到尺寸控点。（尺寸控点就是出现在选定对象各角和各边上的小圆点或小方点。拖动这些控点可以更改对象的大小。）

操作 19　用键盘选定文本。

　　（1）按住 Shift 并按能够移动插入点的键（箭头键等等）；

　　（2）若要选定不相邻的多个区域，请先选定第一个区域，按住 Ctrl，再选定所需的其他区域。

操作 20　用键盘选定文字。并将选定范围扩展至……

　　（1）右侧的一个字符：Shift＋右箭头

　　（2）左侧的一个字符：Shift＋左箭头

　　（3）单词结尾：Ctrl＋Shift＋右箭头

　　（4）单词开始：Ctrl＋Shift＋左箭头

　　（5）移至行尾：Shift＋End

　　（6）移至行首：Shift＋Home

　　（7）下一行：Shift＋下箭头

　　（8）上一行：Shift＋上箭头

　　（9）段尾：Ctrl＋Shift＋下箭头

　　（10）段首：Ctrl＋Shift＋上箭头

　　（11）下一屏：Shift＋Page Down

　　（12）上一屏：Shift＋Page Up

　　（13）移至文档开头：Ctrl＋Shift＋Home

　　（14）移至文档结尾：Ctrl＋Shift＋End

　　（15）窗口结尾：Alt＋Ctrl＋Shift＋Page Down

　　（16）包含整篇文档：Ctrl＋A

　　（17）打开扩展模式：F8

　　（18）纵向文本块：Ctrl＋Shift＋F8，然后用箭头键；按 Esc 可取消选定模式

　　（19）文档中的某个具体位置：F8＋箭头键；按 Esc 可取消选定模式

　　（20）选定相邻的字符：F8，然后请按向左键或向右键

　　（21）增加所选内容：F8（按一次选定一个单词，请按两次选定一个句子，依此类推）

　　（22）减少所选内容：Shift＋F8

　　（23）关闭扩展模式：Esc

提示　如果了解移动插入点的按键组合，通常也可以在按住 Shift 的同时，用同样的按键组合来选定文字。例如，按"Ctrl＋右箭头"，可将插入点移至下一单词，而按"Ctrl＋Shift＋右箭头"可选定从插入点到下一单词词首间的文字。

【任务 3】　在文档中进行查找和替换

　　使用 Microsoft Word 可以查找和替换文字、格式、段落标记、分页符（所谓分页符就是上一页结束以及下一页开始的位置。Microsoft Word 可插入一个"自动"分页符即软分页符，或者通过插入"手动"分页符即硬分页符在指定位置强制分页）、还有其他项目，甚至可以使用通

配符和代码来扩展搜索。

操作 21 查找所需要的内容(可以快速搜索文档中多处重复出现的指定单词或词组)。

(1) 单击"编辑"菜单中的"查找"命令,

提示 "查找和替换"对话框共有三个选项卡:"查找"、"替换"、"定位";

(2) 在"查找内容"框内键入要查找的文字,

提示 这时可根据需要在对话框中选择其他所需选项,比如,当要找的内容不确切或者是不可见的控制符号时还可以使用通配符,自己在对话框中找一找"高级"按钮,然后选择"特殊字符"看一看有哪些;

(3) 单击"查找下一处"或"查找全部";

(4) 按 Esc 可取消正在执行的搜索。

操作 22 替换文字(例如,将某文章中多处出现的"单击"两字全部替换成"click")。

(1) 选择要进行替换的范围内的文本;

(2) 单击"编辑"菜单中的"替换"命令;

(3) 在"查找内容"框内输入要搜索的文字,例如"单击";

(4) 在"替换为"框内输入替换文字,例如"click",

注意 上面两词在相应文本框中输入时不要加引号;

提示 这时可根据需要在对话框中选择其他所需选项,比如指定文字格式,值得注意的是查找替换的对象不仅是文字本身,还可以是文字的格式;

(5) 单击"查找下一处"、"替换"或者"全部替换"按钮;

(6) 按 Esc 可取消正在执行的搜索。

操作 23 定位到特定的页、表格或其他项目。

(1) 单击"编辑"菜单中的"定位"命令;

(2) 在"定位目标"框中,单击所需的项目类型;

(3) 请执行下列操作之一:

① 要定位到特定项目,请在"输入页号"框中键入该项目的名称或编号,然后单击"定位"按钮;

② 要定位到下一个或前一个同类项目,请不要在"输入页号"框中键入内容,而应直接单击"下一处"或"前一处"按钮。

【任务 4】 视图切换

对文档编辑和排版时需要在不同的视图下进行,不同的视图有不同的用处,教材中已经讲述了相关内容,这里就不再重复了,请参考教材的相应内容认真学习。这里只介绍切换视图的方法。

操作 24 切换文档视图。

(1) 在 Word 中打开某文档后,请执行下列操作之一并注意观察窗口的不同变化:

① 单击"视图"菜单选择"普通"、"Web 版式"、"页面"、"大纲"、"阅读版式"、"文档结构图"或"缩略图";

② 单击"文件"菜单,选取"网页预览"或"打印预览"视图;

(2) 或依图示(如图 5-4)单击窗口左下方的视图切换按钮。

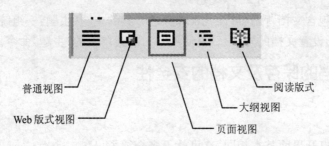

图 5-4 窗口左下方的视力切换按钮

此外,应该在前面练习注意到,在 Word 中每打开一个文档,任务栏中就会增加一个新的按钮,因此在同时打开几个文档时可以通过单击任务栏上相应的按钮来切换文档窗口。当然也可以通过使用 Windows 切换任务的快捷键 Alt+Tab 来在不同的文档间切换。通过使用 Word 中的"窗口"菜单来选择所需的当前文件。

操作 25 显示工具栏。

(1) 右键单击任意工具栏,再在快捷菜单上单击要显示的工具栏名称,

或者选择菜单"视图"→"工具栏",然后单击要显示的工具栏名称;

(2) 如果在快捷菜单上未看到所需工具栏,请单击"自定义",单击"工具栏"选项卡,再单击"工具栏"列表中所需的工具栏。

操作 26 隐藏工具栏。

右键单击工具栏,再清除要隐藏的工具栏左侧的复选框。

提示 若要快速隐藏浮动工具栏,请单击工具栏上的"关闭"。

背景可以令阅读的文档更加赏心悦目,背景只显示在 Web 版式视图中,不是为打印而设计的,而水印则适用于打印文档。水印就是在打印时显示在现有文档文字的上方或下方的任何图形或文字,例如"Confidential"。对于背景,可以应用不同的颜色、纹理或图片而不是只使用颜色或更改图案和过渡色的设置。

Web 版式视图:Web 版式视图显示文档在 Web 浏览器中的外观。例如,文档将显示为一个不带分页符的长页,并且文本和表格将自动换行以适应窗口的大小。

操作 27 更改文档背景的方法

(1) 在"格式"菜单上,指向"背景";

(2) 请执行下列操作之一:

① 单击所需的新颜色;

② 单击"其他颜色"以查看其他的颜色选择;

③ 单击"填充效果"以更改或添加特殊效果,如过渡色、纹理或图案。

操作 28 更改水印的方法

(1) 在"格式"菜单中,指向"背景",然后单击"水印";

(2) 请执行下列操作之一:

① 若要更改图片,请单击"选择图片";

② 若要更改图片设置,请在"图片水印"下选中或清除所需选项;

③ 若要更改文本,请选择不同的内置词组或键入自己的词组;

④ 若要更改文本设置,请在"文字水印"下选中或清除所需选项。

提示 如果要添加包含文档背景、设计元素和颜色方案的主题(主题:一组统一的设计元素,使用颜色、字体和图形设置文档的外观)。请使用"格式"菜单上的"主题"命令。

【任务5】 文档的保存及文档的安全性

1. 文件保存

保存的界面和打开界面基本相同,这里就不多介绍了。

保存方式:除了可以单击工具栏中的"保存"按钮之外,还可以选择"文件"菜单中的"保存"命令或者按快捷键 Ctrl+S 来保存文件。

"文件"菜单中除"保存"之外还有"另存为"命令。这两者之间是有区别的。当文件未命名存盘时,它们是一样的,但文件已经命名保存之后(并没有关闭),要想将该文件另外命名再保存一份,或者存成其他格式的文档,就应该使用"另存为"命令,在对话框中重新命名、或重新选择其他保存位置、或选择其他类型的文档格式进行保存就可以了。

操作29 打开在前面的操作中建立的某个 Word 文档,并将它另存为"纯文本"类型。(自己练习)

2. 设置密码

有时文档的安全性是很重要的!比如有些文档的内容可能需要保密,不准许无关人员查看,而有的文档内容并不保密,但是却不希望查阅的人修改它。可以通过为文档设置打开权限和修改权限密码以达到这一目的。设置密码,可同时使用大小写字母、数字等符号,例如:Y6dh! et5 或 House27。请尽量记住所设的密码,否则将无法正常使用文档了。

操作30 为自己的文档设置密码。

(1) 打开要设置密码的文件;

(2) 在"工具"菜单上,单击"选项",再单击"安全性"选项卡。请执行下列操作之一:

① 创建打开文件密码;

(a) 在"打开权限密码"框中键入密码,再单击"确定";

(b) 在"请再键入一遍打开权限密码"框中再次键入该密码,然后单击"确定"。

② 创建修改文件密码;

(a) 在"修改权限密码"框中键入密码,再单击"确定";

(b) 在"请再键入一遍修改权限密码"框中再次键入该密码,然后单击"确定"。

提示 若要创建一个长密码,最长可达 255 个字符,请单击"高级",然后选择 RC4 加密类型。

操作31 删除或更改密码。

(1) 打开文档;

(2) 在出现提示时,输入密码;

(3) 在"工具"菜单上,单击"选项",再单击"安全性"选项卡;

(4) 在"打开权限密码"或"修改权限密码"框中,选择表示现有密码的占位符符号(通常是星号),请执行下列操作之一:

① 若要删除密码,请按 Delete,再单击"确定";

② 若要更改密码,请键入新密码,再单击"确定";

③ 如果更改了密码,请重新输入新密码,再单击"确定"。

3. 自动保存和恢复

Word 有自动保存功能,可以帮助我们对文档进行保存,大大提高了安全性。

操作 32 更改自动文件恢复的保存间隔。

（1）打开"工具"菜单,单击"选项"命令

（2）在打开的"选项"对话框上单击"保存"选项卡,选择"自动保存时间间隔"复选框,并在其右侧的文本框中输入时间值（默认的时间是 10min,可以根据需要改变这个时间的设置）。

注意 自动保存以后的信息并不是存储到了原来文件中,而是保存在了一些临时文件里,此时如果发生了断电,原来的文档中保存仍然是上次保存的内容,自动保存有什么意义呢? 自动保存会存储你上次最后一次手动存盘到最后一次自动保存之间所输入的信息,在发生了非正常退出后,用 Word 再次打开原来的文件,可以看到会同时出现一个恢复文档,此时这个恢复文档中保存的就是上次断电时自动保存的所有信息了,将恢复文档保存为原来的文档就可以最大限度的减小损失了。

4. 改变保存和打开的默认路径

启动 Word 后第一次使用保存和打开对话框时默认的文件夹都是"My Documents"（即"我的文档"）,如果大部分工作并不是保存在这个文件夹下,那是很不方便的,不过可以改变默认路径到指定的文件夹。

操作 33 改变默认路径到指定的文件夹。

（1）打开"工具"菜单,单击"选项"命令;

（2）在打开的"选项"对话框中单击"文件位置"选项卡;

（3）这里有一个"文件类型"列表,选择第一项"文档",单击"修改"按钮;

（4）弹出"修改位置"对话框,从对话框中选择默认的保存文件夹（可选择自己事先建立的文件夹或其他的文件夹）,单击"确定"按钮;

（5）回到"选项"对话框后,再单击"确定"按钮。

重新设置了默认路径后,下次进入 Word 时,默认的保存和打开路径就是刚才选择的文件夹了。

顺便说一下,Word 的"文件"菜单中的"关闭"可用于关闭当前的文件。而 Word 的"文件"菜单中的"退出"可用于关闭所有文档并退出 Word。

先按住 Shift 键盘不松再单击"文件"菜单,则原先的"关闭"变成"全部关闭",可用于关闭当前在 Word 中已经打开所有文档,但不退出 Word。

习题 5

1. 建立一个空白 Word 文档,输入下面的文字,保存在你的可移动存储器（若你有软盘或U 盘的话）或电脑硬盘中（注意自己选择的保存位置）。命名为"为数字化未来作准备. doc"。

为数字化未来作准备

顾客是首先从信息技术提高了的效益中获得好处的人,而随着经济变得日益数字化,好处将会越来越多。另外的受益人就是企业,他们的领导人可以利用数字方法,比竞争对手更快地

建立高级解决方案。本书所重点描述的解决方案是商界人士敏锐眼光和领先行动的结果,他们心里带着具体的顾客情况来发挥信息技术作用。由于技术将改变您与顾客打交道的方法,而不仅仅是改变后台办公室的数据处理,所以首席执行官在前进的道路上应该更多地参与。

成功的商界领袖将利用一种新的方式来开展业务,这一方式是建立在信息速度日益加快的基础上的。新方法并不是为技术而用技术,而是用技术来重塑公司的工作方式。要得到技术的全部好处,商界领袖们就要提高他们的业务流程和组织的效率并使之现代化。其目的就是要使业务应变能力成为几乎是实时的,并使战略思想成为一个持续、反复不断进行的过程——而不是要隔12~18个月做一次应该每天都做的事。

2. 通过 Word 的格式工具栏对上述文档中的文字的格式自行设置。

3. 将文中的句子"本书所重点描述的……信息技术作用。"移到文章开头。

4. 将文中所有的"技术"替换成"technology"。

5. 将该文件设置密码并以"未来时速.doc"为文件名另存。

6. 利用模板建立如下几个文档:个人简历、备忘录、信函。操作时注意及时保存自己的文件。

实验 6　Word 的基本排版(上)

实验目的

- 掌握修饰文字的格式的方法
- 掌握设置段落的格式的方法
- 学会应用格式刷
- 掌握设置边框和底纹的方法
- 能够正确地添加项目符号和编号
- 能设置分栏
- 能设置首字下沉
- 掌握页面设置及打印预览的正确方法

相关知识

- 文字的格式及段落的格式各自包括的内容
- 边框和底纹的功能和应用
- 项目符号和编号的正确运用
- 分栏的方法、与分节的关系
- 首字下沉
- 页面设置及打印预览

实验内容

【任务1】　设置文字的格式

操作1　将所选的文字设置为:蓝色、加粗、楷体、四号、字间距为加宽1.5磅。

(1) 选择要设置的文字;

(2) 依次单击:菜单"格式"→"字体";

(3) 在弹出的"字体"对话框中的"字体"选项卡中设置:字体为楷体、字形为加粗、字号为四号、字体颜色为蓝色;

提示　字体对话框中有三个选项卡:"字体"、"字符间距"、"文字效果";

(4) 选择"字符间距"选项卡;

(5) 将"间距"设置为"加宽",并在其右侧文本框中的将值设置为1.5磅;

(6) 单击"确定"。

操作 2 将所选文字设置为:黑体、三号、绿色、阴影、动态效果为"礼花绽放"。

(1) 选择要设置的文字;

(2) 依次单击:菜单"格式"→"字体";

(3) 在弹出的"字体"对话框中的"字体"选项卡中设置:字体为黑体、字号为三号、字体颜色为绿色,并在下面的效果复选框中选择"阴影";

(4) 选择"文字效果"选项卡;

(5) 在动态效果中选择"礼花绽放";

(6) 单击"确定"。

操作 3 将文章标题设置为"标题二"的样式,并居中。

(1) 选择文章的标题行;

(2) 在"格式"工具栏的左侧找到"样式"列表框,

提示 样式其实是一种字体、字号和缩进等格式设置特性的组合,将这一组合作为集合加以命名和存储。应用样式时,将同时应用该样式中所有的格式设置指令。样式的使用是十分重要的;

(3) 点击"样式"列表框右侧的小黑三角,并在其下拉列表中选择"标题二";

(4) 在"格式"工具栏中单击"居中"按钮。

【任务 2】 设置段落的格式

操作 4 将文档中的全部正文设置为:首行缩进 2 字符,1.3 倍行距,段前 6 磅,段后 6 磅。

(1) 选择文章的全部正文(不要包括标题行);

(2) 选择菜单"格式"→"段落";

(3) 在"缩进"下,将"特殊格式"设置为"首行缩进",并将其右侧的"度量值"设为 2 字符;

(4) 在"间距"下,将"行距"设置为"多倍行距",并将其右侧的"设置值"设为 1.3;

(5) 在"间距"下,将"段前"和"段后"都设置为 6 磅;

(6) 单击"确定"。

操作 5 将练习用的文章中第三段设置为左缩进 1.5 厘米,右缩进 1.8 厘米。

(1) 选择文章中的第三段;

(2) 选择菜单"格式"→"段落";

(3) 在"缩进"下,将"左"设置为 1.5 厘米,将"右"都设置为 1.8 厘米;

(4) 单击"确定"。

说明 缩进也可以通过拖动水平标尺上的各种标记来完成,如图 6-1 所示。

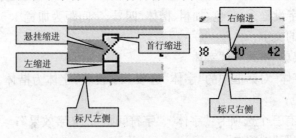

图 6-1 标尺的运用

操作 6 通常书信或文章中的最后一行为落款,请将其设置为"右对齐"。

(1) 选择文章中的最后一行;

(2) 选择菜单"格式"→"段落";

(3) 在"常规"下,将"对齐方式"设置为"右对齐"。

方法 2:选择最后一行,直接在"格式"工具栏上单击"右对齐"按钮 ≡ 。

【任务 3】 用格式刷复制格式

格式刷就是"刷"格式用的,也就是复制格式用的。在 Word 中格式同文字一样是可以复制的。它的用法十分简单,却特别常用,请一定记住它的用法!

操作 7 用格式刷复制所选文本的格式。

(1) 选中提供格式的文字或段落;

(2) 单击"格式刷"按钮 ◢ ,鼠标就变成了一个小刷子的形状;

(3) 用刷子状鼠标指针"刷"过文字(鼠标拖过文字),则其格式就变得和选中的文字一样了;

提示 双击格式刷按钮的话,在复制格式时就可以连续给多处文字复制格式,再单击"格式刷"按钮,恢复正常。否则只能使用一次。

另外还可使用组合键 Ctrl+Shift+C 和 Ctrl+Shift+V ,方法如下:

(1) 把光标定位在第一段中,按 Ctrl+Shift+C 键,把格式复制下来;

(2) 再把光标定位到第二段中,按 Ctrl+Shift+V 键,上个段落的格式就复制了过来;

(3) 再把光标定位到第三段中,按 Ctrl+Shift+V 键,格式也复制到了这里,以此类推。

【任务 4】 基本排版中常用的设置

操作 8 设置边框和底纹。给某段文字(比如下面的"这种原始时代……看法的差异。")设置底纹,背景"浅黄",图案 15% 红色,并添加蓝色 0.5 磅双直线边框。

(1) 选择这段文字;

(2) 选择菜单"格式"→"边框和底纹";

(3) 在对话框中选择"边框"选项卡;

(4) 在设置中选择"方框",在"线型"中选择双直线,将"颜色"高设为蓝色,"宽度"设为 1/2 磅,在右下将"应用于"设置为"段落",观察右侧的预览效果图;

(5) 再在同一对话框中选择"底纹"选项卡;

(6) 在背景中选择浅黄,在图案中选择 15% 并将其颜色设为红色,观察右侧的预览效果图;

(7) 单击"确定",效果如下。

> 这种原始时代所遗留下来对梦的看法迄今仍深深影响一般守旧者对梦的评价,他们深信梦与超自然的存在有密切的关系,一切梦均来自他们所信仰的鬼神所发的启示。也因此,它必对梦者有特别的作用,也就是说梦是在预卜未来的。因此,梦内容的多彩多姿以及对梦者本身所遗留的特殊印象,使他们很难想象出一套有系统的划一的观念,而需要以其个别的价值与可靠性作各种不同的分化与聚合。因此,古代哲学家们对梦的评价也就完全取决于其个人对一般人文看法的差异。

注意　要取消这段的边框和底纹格式，方法如下：

(1) 选择这段文字；

(2) 选择菜单"格式"→"边框和底纹"；

(3) 在对话框中选择"边框"选项卡，在设置中选择"无"；

(4) 在对话框中选择"底纹"选项卡，在背景中选择"无填充颜色"，在图案选择"清除"；

(5) 单击"确定"。

操作 9　添加项目符号和编号。在键入文字的同时自动创建项目符号和编号列表。

(1) 键入"1."，这就是一个编号列表的开始，注意，数字后面通常跟有标点，

或者键入"＊"(星号)开始一个项目符号列表，然后按空格键或 Tab，

提示　输入"＊"时注意全角和半角状态，一般使用半角的星号；

(2) 键入所需的任意文本，按 Enter 键换行后 Word 会自动插入下一个编号或项目符号；

(3) 若要结束列表，请按 Enter 两次，或通过按 Backspace 删除列表中的最后一个编号或项目符号，来结束该列表。

操作 10　为原有文本添加项目符号或编号。

(1) 选定要添加项目符号或编号的项目(比如：多行小标题)，

提示　这里所谓"行"其实是"段"，以段落标记为标志；

(2) 单击"格式"工具栏上的"项目符号"按钮 ☷ 或"编号"按钮 ☰ ，

或者选择菜单"格式"→"项目符号和编号"，并在对话框中选择相应的选项卡(项目符号、编号、多级符号、列表样式等)，

提示　项目符号和编号的格式都可以重新选择或干脆自定义。

说明

(1) 选择菜单"格式"→"项目符号和编号"，可以找到不同的项目符号样式和编号格式，还能通过"自定义"来重新设置它们的格式。

(2) 要使整个列表向左或向右移动：单击列表中的第一个编号并将其拖到一个新的位置。整个表会随着拖动移动，而列表中的编号级别不变。

(3) 通过更改列表中项目的层次级别，可将原有的列表转换为多级符号列表。单击列表中除了第一个编码以外的其他编码，然后按 Tab 或 Shift＋Tab，或单击"格式"工具栏上的"增加缩进量"按钮或"减少缩进量"按钮。

给一篇文档分栏是平常的设置，但有时会给较长的文档分节，在不同的节中可以使用不一样的分栏，有关分节的操作将在下一实验中介绍。

操作 11　设置分栏。把文章中正文的第 1、2 两段分为二栏，并添加分隔线。

(1) 打开要分栏的文章，并选择第 1、2 两段；

(2) 选择菜单"格式"→"分栏"，打开分栏对话框(如图 6-2)；

(3) 在"预设"下选择"二栏"，

提示　栏宽和栏距都是可调节的，选择"二栏"则分栏后两栏的栏宽一样，另有"偏左"和"偏右"也是分成两栏，但分栏后两栏的栏宽不同；

(4) 选择"分隔线"复选框；

(5) 单击"确定"。

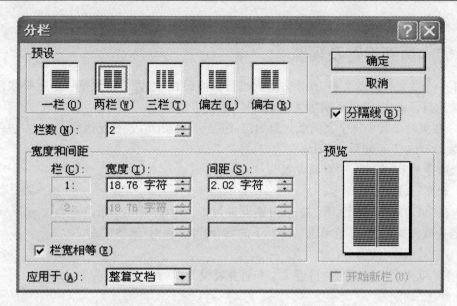

图 6-2　"分栏"对话框

提示　单击确定前请注意对话框左下角的"应用于"组合框,应根据需要选择"所选文字"或"整篇文档"。

操作12　设置首字下沉。将文章的第 3 自然段设为首字下沉,下沉行数 3,黑体,距正文 0.5cm。

(1) 将插入点置于文章第三段(在第三段中任一处单击)或选择该段;

(2) 选择菜单"格式"→"首字下沉",弹出首字下沉对话框(如图 6-3);

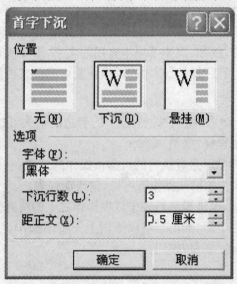

图 6-3　"首字下沉"对话框

(3) 在"位置"中选择"下沉",

提示　在"位置"这一栏中选择"无"可将段落的首字下沉格式取消,另有"悬挂"格式供选择;

(4) 在"选项"中,将字体设为黑体,下沉行数设为 3,距正文设为 0.5cm;

(5) 单击"确定"。

【任务 5】 页面设置及预览

对于一个需要打印的文档,必须先对其进行页面设置,然后还得预览一下效果如何,以免糊里糊涂地打印出来,结果不满意又重新打印,浪费了纸张。

操作 13 在页面设置中将全文的纸张设为:自定义 20×30cm,设置左边距 3cm,右边距 3cm,上页边距 2.5cm,下页边距 2.5cm。

(1) 选择菜单"文件"→"页面设置";

(2) 选择"页边距"选项卡;

(3) 在"页边距"下将上、下、左、右分别设置为 2.5cm,2.5cm,3cm,3cm,

提示 若要改变页面方向,请单击"方向"下的"纵向"或"横向"选项按钮;

(4) 选择"纸张"选项卡;

(5) 将"纸张大小"设置为"自定义",并将宽度设为 20cm,高度设为 30cm;

(6) 单击"确定"。

操作 14 打印预览。

(1) 选择菜单"文件"→"打印预览",

或单击"常用"工具栏上的"打印预览"按钮 ;

(2) 通过"打印预览"工具栏上的按钮,改变显示比例,以及多页显示等等,观察页面设置的效果;

(3) 单击"打印预览"工具栏上的"关闭"按钮。

【任务 6】 操作的撤消和恢复

有时会出现错误的操作,例如:误删了原本有用的文字、图片或表格,或由于不懂操作方法把文档格式设置得很糟,但只要"撤消"刚才的误操作就可以使文档恢复原样了。

操作 15 撤消误操作。

(1) 在"常用"工具栏上单击"撤消"按钮 旁边的箭头可打开其下拉列表,也可以在菜单"编辑"中选择"撤消"命令;

(2) Microsoft Word 将显示最近执行的可撤消操作的列表;

(3) 单击要撤消的操作。如果该操作不可见,请滚动列表;

提示 撤消某项操作的同时,也将撤消列表中该项操作之上的所有操作。

通过单击"常用"工具栏上的"撤消",可以撤消上一步的操作。如果过后又不想撤消该操作,请单击"常用"工具栏上的"恢复"按钮。

习题 6

按要求对下文《双鱼座寓言故事》进行修饰:

(1) 将标题"双鱼座寓言故事"设为"标题二",再改成隶书、二号、蓝色,并给标题设置一种文字动态效果。

(2) 将所有正文设置成首行缩进 2 字符,字体楷体、14 号。

（3）将第一自然段的"狼与鹭鸶……"设为斜体、带波浪线。

（4）将全文的"鹭鸶"的字体全部替换成：隶书、二号、绿色。

（5）将正文字间距设为加宽 1.5 磅。

（6）将正文的行距设置为 1.3 倍行距。

（7）将正文的第二自然段左右各缩进 1 厘米，并分为两栏。

（8）将正文的第一自然段设置为首字下沉。

（9）给句子"这故事说明……不讲信用的本质。"加边框，并设置底纹为"灰色－12.5％"。

双鱼座寓言故事

狼与鹭鸶——相信别人是好的，但要确定那个人真的值得信任。

狼误吞下了一块骨头，十分难受，四处奔走，寻访医生。他遇见了鹭鸶，谈定酬金请他取出骨头，鹭鸶把自己的头伸进狼的喉咙里，叼出了骨头，便向狼要约定的酬金。狼回答说："喂，朋友，你能从狼嘴里平安无事地收回头来，难道还不满足，怎么还要讲报酬？"

这故事说明，对坏人行善的报酬，就是认识坏人不讲信用的本质。

（10）输入下文并对它的文字和段落的格式自行设置，并设置分栏，纸张设置为"16 开"，页边距上下左右均为 2 厘米。注意保存。

千里驴

有一头喜欢听好话图虚荣的驴子。

一天，一只狐狸碰到了这头驴子。狐狸对驴子说："喂，给我骑一会儿吧。"驴子感到自尊心受到了很大的伤害。"你不配！"说着气呼呼地走开了。狐狸转转眼珠子，跟在驴子的身旁走了一会儿，喜眉笑眼地恭维道："驴老兄，你的脊背真平坦，毛儿真柔和，坐在上面肯定比沙发还要舒服，怪不得人们骑驴不用鞍子。"驴子欣欣然，摆动着耳朵和尾巴，说："我何止脊背平坦，跑起路来才稳当呢！"狐狸轻轻地拍拍驴子的脖颈，说："骑马担惊受怕的，一不小心就会摔下来，骑驴则万无一失。"听了狐狸的话，驴子像喝了一大口蜜汁，心里甜滋滋的，于是得意地弯曲着前腿，对狐狸说："狐狸弟弟，那你就骑到我背上玩玩吧。"

狐狸跳上驴背，赞不绝口："好！好！不仅平稳舒服，而且挺快嘛！"

"快吗？"

"快！"

驴子有生以来头一回听到人家夸奖他跑得快，过去人们总是责怪他走得太慢，骂他是蠢货，丢尽了面子。现在他好高兴，打着响鼻儿，用尽全力跑起来，边跑边问："怎么样？"

"真是太快了，简直像飞的一样。"

驴子更兴奋了。虽然他已经直喘粗气，汗如雨下，但还是在努力地加快脚步，快了还想再快，真的希望能飞起来。

狐狸蹲在驴背上继续夸赞："真快嗷，好一头千里驴哇！"

"我是千里驴？"

"是的，你真是一头千里驴！"

在狐狸的夸赞声中，"千里驴"又拼命地跑了一段，终于精疲力竭，咕咚一声栽倒在路旁。

爱听好话的人，也最容易被好话所害。

实验 7 Word 的基本排版(下)

实验目的

- 掌握插入页眉和页脚的正确方法
- 能根据需要适当插入分页符和分节符
- 插入超链接
- 样式的建立和运用
- 掌握插入目录和索引的方法

相关知识

- 页眉和页脚
- 分页和分节
- 超链接
- 样式
- 目录和索引

实验内容

【任务1】 设置页眉和页脚

　　每本书都有页码,有时每一页的上端还有各章节的标题,以下学习在文档的页眉和页脚处添加合适的内容。

操作1　在文章的页眉处添加文字"我的短文",并右对齐。

　　(1)选择要设置格式的一篇 Word 文档打开,并选择菜单"视图"→"页眉和页脚",则弹出"页眉和页脚"工具栏,

提示　在已存在的页眉和页脚上双击即可直接修改页眉和页脚;

　　(2)在页眉处输入需添加的文字,如"我的短文";

　　(3)在"格式"工具栏上单击"右对齐"按钮;

　　(4)在"页眉和页脚"工具栏(如图7-1)上单击"关闭"。

图 7-1　"页眉和页脚"工具栏

下面按照从左到右的次序介绍一下"页眉和页脚"工具栏各个按钮的功能：

（1）"插入自动图文集"：单击"插入自动图文集"按钮，选择列出的 Word 中常用于页眉和页脚的自动图文集词条。如"创建日期"、"第 X 页共 Y 页"等。

（2）"插入页码"：单击此按钮，可以将当前页码插入光标处，插入的页码为自动更新的，即文档改变后页码总是连续的。

（3）"插入页数"：插入此域可以自动显示文档的页数。

（4）"设置页码格式"：单击此按钮弹出"设置页码格式"对话框。

（5）"插入日期"：单击此按钮，插入随时更新的日期域，插入后每次打开文档显示的都是当前的日期。

（6）"插入时间"：单击此按钮，插入随时更新的时间域，插入后每次打开文档显示的都是当前的时间。

（7）"页面设置"：单击此按钮，弹出"页面设置"对话框中的"版式"选项卡。

（8）"显示／隐藏文档文字"：单击此按钮可以显示或隐藏文档中的正文。

（9）"同前"：在文档划分为多节时，使用此按钮可以使当前节的页眉和页脚设置同前一节的页眉和页脚内容一致。

（10）"在页眉和页脚间切换"：使用此按钮可以使光标从页眉编辑区切换到页脚编辑区或从页脚切换到页眉。

（11）"显示前一项"：如果文档划分为多节，或设置了首页与其他页使用不同页眉页脚，或是奇偶页使用不同页眉页脚，使用此按钮可以进入前一节的页眉或页脚。

（12）"显示下一项"：使用此按钮可以进入后一节的页眉或页脚，使用时机同"显示前一项"按钮。

操作 2　在文章的下方添加页码（即添加页脚），并居中。

（1）打开文章，并选择菜单"视图"→"页眉和页脚"；

（2）单击"页眉和页脚"工具栏上的"在页眉和页脚间切换"按钮　，切换到页脚处；

（3）单击"页眉和页脚"工具栏上的"插入页码"按钮　；

（4）在"格式"工具栏上单击"居中"按钮；

（5）在"页眉和页脚"工具栏上单击"关闭"。

提示　也可选择菜单"插入"→"页码"，然后在弹出的"页码"对话框中根据需要设置页码。

【任务 2】　插入分页符和分节符

如果想在文档中没有自动分页的地方人工分页的话，就自己插入一个分页符吧，请按下面的操作步骤来进行。

操作 3　在文章的某处插入分页符。

（1）打开文章，插入点置于最后一段行首（在最后一段首行首字前单击）；

（2）选择菜单"插入"→"分隔符"；

（3）在"分隔符类型"下选择"分页符"（如图 7-2）；

（4）单击"确定"，

提示　最好切换到"普通视图"下操作！注意观察人工插入的分页符与一般的自动分页符有什

么不同之处。

操作4 删除前一操作中添加的分页符。

(1) 切换到"普通视图"下；

(2) 在有"分页符"字样的横线上单击；

(3) 在键盘上按"Delete"键。

"节"是文档的一部分，可在其中设置某些页面格式选项。若要更改例如行编号、列数或页眉和页脚等属性，请创建一个新的节。可用节在一页之内或两页之间改变文档的布局。

只需插入分节符即可将文档分成几节，然后根据需要设置每节的格式。例如，可将报告内容提要一节的格

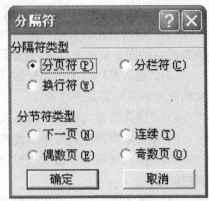

图 7-2 "分隔符"对话框

式设置为一栏，而将后面报告正文部分的一节设置成两栏。分节符是为表示节的结尾插入的标记。

分节符包含节的格式设置元素，例如页边距、页面的方向、页眉和页脚，以及页码的顺序。可插入的分节符类型包括：

(1) "下一页"：插入一个分节符，新节从下一页开始。

(2) "连续"：插入一个分节符，新节从同一页开始。

(3) "奇数页"或"偶数页"：插入一个分节符，新节从下一个奇数页或偶数页开始。

可为节设置的格式类型（即您可以更改的节的格式）包括：页边距、纸张大小或方向、打印机纸张来源、页面边框、垂直对齐方式、分栏、页码编排、行号、脚注和尾注等。

切记分节符控制其前面文字的节格式！例如，如果删除某个分节符，其前面的文字将合并到后面的节中，并且采用后者的格式设置。请注意，文档的最后一个段落标记（段落标记：按 Enter 结束一个段落后，Microsoft Word 插入的非打印符号。段落标记存储应用于段落的格式设置）。控制文档最后一节的节格式（如果文档没有分节，则控制整个文档的格式）。

操作5 在文章的某处插入分节符，分节符类型选择"下一页"。

(1) 切换到"普通视图"下，将插入点置于最后一段行首；

(2) 选择菜单"插入"→"分隔符"；

(3) 在"分节符类型"下选择"下一页"，

提示 注意区别 4 种不同类型的分节符的功能；

(4) 单击"确定"。

提示 1 删除分节符与删除分页符类似，可切换到普通视图下，单击有"分节符"字样的双横线，然后在键盘上按"Delete"键。

提示 2 有时文档分栏后，在最后一页会出现一边多一边少的"不平衡"现象，这时，我们在文档末尾添加一个"连续"分节符就可以解决这一问题。

【任务 3】 插入超链接

通常通过插入超链接来打开不同类型的文件，比如，在 Word 文档中通过超链接直接打开一个 Excel 工作簿、演示文稿（即幻灯片，*.ppt）或者别的文件，也可以相反，比如在演示文稿中通过超链接来打开 Word 文档等等，这可以将不同的素材"链接"在一起，形成一个整体，使

材料显得丰富多彩更具有说明力。

操作 6　假设硬盘上存在名为"实验 9. doc"的文件,插入一个可以直接打开它的超链接。

(1) 将插入点置于当前文档中需插入超链接的位置;

(2) 选择菜单"插入"→"超链接",

或者按 Ctrl＋K,

或者按鼠标右键,选择"超链接…";

(3) 在对话框的"查找范围"组合框中找到文件"实验 9. doc"所在文件夹,然后在文件列表框中找到该文件名并选择它;

(4) 在"要显示的文字"一栏中输入要显示的文字,否则将在插入点处显示原文件名;

(5) 单击"确定"。

【任务 4】　样式的使用

Word 中的样式十分重要,样式就是应用于文档中的文本、表格和列表的一套格式特征,它能迅速改变文档的外观。当应用样式时,可以在一个简单的任务中应用一组格式。例如,无需采用三个独立的步骤来将标题样式定为 16 pt、Arial 字体、居中对齐,只需应用"标题"样式即可获得相同效果。如果一篇较长的文档通篇都是"正文",那就意味着也许没有定制"大纲",则文档结构很可能杂乱无章,难以修改和调整,也无法一下子生成目录,无法使用文档结构图等等。下面通过练习来学习样式的使用、建立、修改和删除等操作。

操作 7　使用已有的样式。将准备作为标题的三行文字分别设置为标题 1、标题 2、标题 3。

(1) 在 Word 文档中找到或输入三行文字(每行都要敲回车换行)作为标题,再输入一段正文;

(2) 先选择第一行,然后在"格式"工具栏上找到"样式框",单击"标题 1"(如图 7-3),

提示　如果想设置其他更多的样式,请选择菜单"格式"→"样式和格式"或者单工具栏上的"格式窗格"按钮 ![button]　,则其显示在窗口右侧,在"样式和格式"任务窗格的下方的"显示"列表框中选择"所有样式"……;

图 7-3　"格式"工具栏上的"样式框"

(3) 再按上述方法将第二行设置为"标题 2";

(4) 以此类推,可将第三行设置为标题 3,将正文部分设置为"正文"样式;

(5) 选择菜单"视图"→"文档结构图"观察之;

(6) 再切换到大纲视图:选择菜单"视图"→"大纲",找到"大纲"工具栏(如图 7-4);

(7) 在"大纲"工具栏上将"显示级别"先设置为"显示级别 1",然后再分别设置为"显示级别 2"、"显示级别 3"、"显示所有级别"等,观察文档变化,当鼠标单击文档不同样式部分时,观察"大纲"工具栏的"大纲级别"文本框中显示的文字是否随之变化!

想一想,如何利用"大纲"工具栏给文档中选定的标题的样式升级或降级? 为什么要在文档中设置不同的样式?

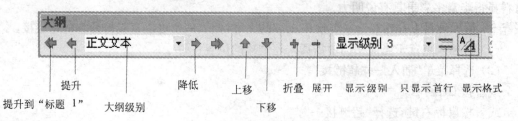

图 7-4　部分"大纲工具栏"

操作 8　建立自己的样式。建立一个名为"着重显示"的样式,能使文本格式为:宋体、小四号、加粗、红色、加波浪线。

(1) 选择菜单"格式"→"样式和格式"或者单工具栏上的"格式窗格"按钮 ；

(2) 在屏幕右侧的"样式和格式"窗格上单击"新样式"按钮;

(3) 在弹出的"新建样式"对话框(如图 7-5)上执行下列操作:

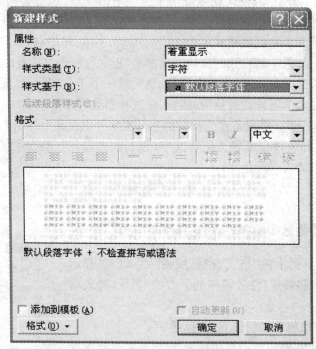

图 7-5　"新建样式"对话框

① 在"名称"框中输入"着重显示";

② 在"样式类型"框中选择"字符";

③ 单击对话框左下方的"格式"按钮选择"字体";

④ 在随后弹出的字体对话框上按操作要求设置(宋体、小四号、加粗、红色、加波浪线);

⑤ 单击"字体"对话框上的"确定";

(4) 如需设置"快捷键",请单击"新建样式"对话框上的"格式"按钮选择"快捷键…",则弹出"自定义键盘"对话框,如图 7-6 所示。

① 单击"请按新快捷键(N)"文本框后,按自己的想法设置快捷键,

图 7-6　"自定义键盘"对话框

提示　尽量不与别的快捷键重复,可以用 Ctrl,Alt,Shift 等与其他键组合,例如 Ctrl+Z+Z,即按住 Ctrl 键不松再按字母 Z 两次;

　　② 单击"指定"按钮;

　　③ 单击"关闭"按钮;

　　④ 在复选框"添加到模版"上打勾;

　　(5) 再单击"新建样式"对话框上的"确定"。

试一试刚才的设置,选择几个字再按 Ctrl+Z+Z,看看字体是否如设置的那样变化。

操作 9　修改样式。

　　(1) 选择菜单"格式"→"样式和格式"或者单工具栏上的"格式窗格"按钮 ;

　　(2) 在屏幕右侧的"样式和格式"窗格上选择要修改的样式;

　　(3) 按鼠标右键选择"修改";

　　(4) 在弹出的"新建样式"对话框上修改该样式的格式,单击"格式"……;

　　(5) 以后的步骤类似于前一操作的新建过程,略。

操作 10　删除样式。

　　(1) 选择菜单"格式"→"样式和格式"或者单工具栏上的"格式窗格"按钮 ;

　　(2) 在屏幕右侧的"样式和格式"窗格上选择要删除的样式;

　　(3) 按鼠标右键选择"删除"。

【任务 5】　插入目录

编制目录最简单的方法是使用内置的大纲级别格式或标题样式。

大纲级别:用于为文档中的段落指定等级结构[1 级至 9 级]的段落格式。例如,指定了大纲级别后,就可在大纲视图或文档结构图中处理文档。

标题样式:应用于标题的格式设置。Microsoft Word 有 9 个不同的内置样式:标题 1 到标题 9。

操作 11 为文档编制目录(假设已经使用了大纲级别或内置标题样式)。请按下列步骤操作:

(1) 单击要插入目录的位置;

(2) 指向"插入"菜单上的"引用",再单击"索引和目录";

(3) 单击"目录"选项卡;

(4) 若要使用现有的设计,请在"格式"框中单击进行选择;

(5) 根据需要,选择其他与目录有关的选项;

(6) 单击"确定"完成操作。

操作 12 为文档编制目录(假设目前未使用大纲级别或内置样式)。请进行下列操作之一:

(1) 用大纲级别创建目录:

① 指向"视图"菜单上的"工具栏",再单击"大纲";

② 选择希望在目录中显示的第一个标题;

③ 在"大纲"工具栏上,选择与选定段落相关的大纲级别;

④ 对希望包含在目录中的每个标题重复进行步骤 2 和步骤 3;

⑤ 单击要插入目录的位置;

⑥ 指向"插入"菜单上的"引用",再单击"索引和目录";

⑦ 单击"目录"选项卡;

⑧ 若要使用现有的设计,请在"格式"框中单击进行选择;

⑨ 根据需要,选择其他与目录有关的选项。

(2) 用自定义样式创建目录:

说明 如果已将自定义样式应用于标题,则可以指定 Microsoft Word 在编制目录时使用的样式设置。

① 单击要插入目录的位置;

② 指向"插入"菜单上的"引用",再单击"索引和目录";

③ 单击"目录"选项卡;

④ 单击"选项"按钮;

⑤ 在"有效样式"下查找应用于文档的标题样式;

⑥ 在样式名右边的"目录级别"下键入 1 到 9 的数字,表示每种标题样式所代表的级别;

⑦ 注意,如果仅使用自定义样式,请删除内置样式的目录级别数字,例如"标题 1";

⑧ 对于每个要包括在目录中的标题样式重复步骤 5 和步骤 6;

⑨ 单击"确定";

⑩ 若要使用现有的设计,请在"格式"框中单击一种设计;

⑪ 根据需要,选择其他与目录有关的选项。

习题 7

按要求对下文《大路上的小孩》进行修饰:

(1) 将下文的标题"大路上的小孩"设为黑体、三号、蓝色;

(2) 将下文的全部正文设置成首行缩进 2 字符,行间距为固定值 20 磅,字间距为加宽 1.5

磅;

(3) 将正文分为两栏并加分隔线,然后在文末插入分节符,分节符类型为"连续";

(4) 给本文设置页眉"卡夫卡作品集"并右对齐,然后在页脚处设置页码并居中;

(5) 将正文第一段设成首字下沉形式,楷体、下沉 2 行、距正文 0.7 厘米;

(6) 保存文件;

(7) 在另一文件中插入一个能打开该文档的超链接。

大路上的小孩

我听到车子驶过园子栏栅前面。有时我从树叶中轻微晃动的空隙里看看,看看在这炎热的夏天,马车的轮辐和辕杆是怎样嘎嘎作响的。农民从地里回来,他们大声地笑着。

这是我父母的园子,我正在园子树林中间休息,坐在秋千架上。

栏栅外的活动停止了,追逐着的小孩也过去了,粮车载着男人们和女人们,他们坐在禾把上,将花坛都遮住了。将近傍晚,我看到一位先生拄着手杖在慢慢散步,两个姑娘手挽着手,迎着他走去,一面向他打招呼,一面拐向旁边的草丛。

然后,我看到鸟儿像喷出来似的飞腾,我的目光跟踪着它们,看着它们是如何在眨眼之间升空,我的目光跟着它们直到我不再觉得它们在飞,而是我自己在往下坠。出于偏好,我紧紧地抓住秋千的绳子开始轻微地摇荡起来。不久,我摇晃得激烈了一些,晚风吹来,颇感凉意,现在,天上已不是飞翔的鸟儿,却是闪动的星星。

烛光下,我正用晚餐,我经常将两臂搁在木板上,咬着我的黄油面包,这时我已经累了。风将破得厉害的窗帘吹得鼓胀起来,外面有人路过窗前,间或两手抓紧帘子仔细端详我并要和我说上几句。通常蜡烛很快便熄灭了,在黑暗的蜡烛烟雾中,聚集的蚊蝇正要兜一阵圈子,有一个人在窗外问我什么,所以我看着他,我好像在看着一座山或看着纯净的微风,也没有许多要回答他的。

实验 8 Word 的特殊排版及对象插入

实验目的

- 中文版式的运用
- 掌握在文档中插入各种对象的方法
- 文字和图形的选取方法
- 符号和特殊符号的插入
- 公式的编辑
- 掌握绘制基本图形的方法
- 其他可插入的对象的编辑方法

相关知识

- 常用的中文版式
- 可以在 Word 插入对象:符号、日期和时间、公式、图、文本框、艺术字

实验内容

【任务1】 特殊排版:中文版式

通常所用的基本上都是中文文档,在中文文档中有一些特殊排版要求,比如文言文有时需要竖版,即文字方向是从右到左竖直方向的,双字合并、双行合一、带圈的符号或字符,加拼音等。

下面通过实际操作来简单介绍它们的用法。

操作1 将所选文字加上拼音,并设字体为楷体,字号 14。

(1) 选择要加拼音的那些文字;

(2) 选择菜单"格式"→"中文版式"→"拼音指南";

(3) 在"拼音指南"对话框中将字体设为楷体,字号设为 14(如图 8-1);

(4) 单击"确定"按钮。

操作2 在某行中选择 4 个字,设置成"合并字符",字体隶书,字号 10。

(1) 任意选择四个字;

(2) 选择菜单"格式"→"中文版式"→"合并字符";

(3) 在"合并字符"对话框中将字体设为隶书,字号设为 10(如图 8-2);

(4) 单击对话框上的"确定"按钮。

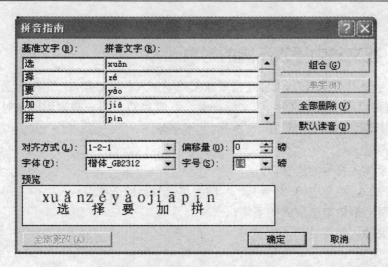

图 8-1　"拼音指南"对话框

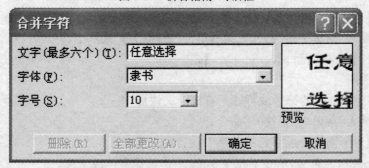

图 8-2　"合并字符"对话框

操作 3　更改文字方向。将全文变成竖版的。

（1）若非全文都要更改，选择要改变方向的那部分文字；

（2）选择菜单"格式"→"文字方向"，弹出"文字方向"对话框（如图 8-3）；

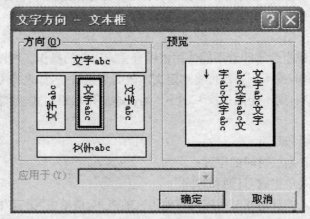

图 8-3　"文字方向"对话框

（3）在"方向"下选择竖直的文字方向，并在右侧观察预览的效果，

提示　注意对话框下方的"应用于"文本框中表示的应用范围！

（5）单击"确定"。

【任务 2】 在文档中插入不同的对象

为了使文字更具有说明力，可能还需要在文档中加入各种对象，比如图形、公式。另外，文本框和图片框可以用来强调文字、图文混排等。下面我们介绍一些常用插入对象的操作，比如，插入符号、日期和时间、公式、图、文本框、艺术字等。

操作 4 插入符号。

（1）单击要插入符号的位置；

（2）单击"插入"菜单中的"符号"命令，然后单击"符号"选项卡；

（3）在"字体"框中单击所需的字体；

（4）双击要插入的符号；

（5）单击"关闭"。

操作 5 插入特殊字符。

（1）单击要插入字符的位置；

（2）单击"插入"菜单中的"符号"，然后单击"特殊字符"选项卡；

（3）双击要插入的字符；

（4）单击"关闭"。

操作 6 为需要经常插入的符号或特殊字符自定义快捷键。

（1）单击"插入"菜单中的"符号"命令；

（2）单击包含所需符号或字符的选项卡；

提示 如果看不到所需符号，请在下拉菜单中，单击其他字体或子集。

（3）单击所需的符号或字符；

（4）单击"快捷键"按钮；

（5）在"请按新快捷键"框中，按下要指定的快捷键组合，例如，按 Alt＋所需键；

（6）查看"目前指定到"，以查看该快捷键组合是否已经指定给命令或其他项，如果是这样的话，请选择其他的组合；

（7）单击"指定"按钮。

注意 重新指定快捷键组合意味着不能使用该组合完成以前的操作。所以尽可能不与系统默认的快捷键重复。例如，按 Ctrl＋B 可将选定文本改为加粗格式，如果将 Ctrl＋B 重新指定给一个新的命令或其他项，则不能通过按 Ctrl＋B 为文本应用加粗格式，除非将快捷键指定恢复到初始设置。

操作 7 插入当前日期和时间。

（1）单击要插入日期或时间的位置；

（2）单击"插入"菜单中的"日期和时间"；

（3）如果要对插入的日期或时间应用其他语言的格式，请单击"语言"框中的语言，

提示 "语言"框中列出启用了编辑功能的语言。也许还可以使用其他的日期和时间选项，这取决于选择的语言；

（4）单击"可用格式"框中的日期或时间格式；

（5）选择是自动更新日期还是将其保持为插入日期时的状态。请执行下列操作之一：

① 若要将日期和时间作为域插入,以在打开或打印文档时自动更新日期和时间,请选中"自动更新"复选框;

② 要将原始的日期和时间保持为静态文本,请清除"自动更新"复选框。

操作 8　插入公式。

(1) 单击要插入公式的位置;

(2) 在"插入"菜单上,单击"对象",然后单击"新建"选项卡;

(3) 单击"对象类型"框中的"Microsoft 公式 3.0"选项,

提示　如果没有 Microsoft"公式编辑器",请进行安装。

(4) 单击"确定"按钮;

(5) 从"公式"工具栏上选择所需符号,并键入变量和数字,以创建公式;

提示 1　在"公式"工具栏的上面一行,您可以在 150 多个数学符号中进行选择。在下面一行,可以在众多的样板或框架(包含分式、积分和求和符号等)中进行选择。

提示 2　如果需要帮助,请单击"帮助"菜单中的"Equation Editor'帮助'主题"。

(6) 若要返回 Microsoft Word,请单击 Word 文档的其他部分。

操作 9　从文件中插入图片。

(1) 单击要插入图片的位置;

(2) 在"插入"菜单上,指向"图片",然后单击"来自文件";

(3) 定位到要插入的图片;

(4) 双击需要插入的图片。

操作 10　插入来自文件的图片。

(1) 选择"插入"→"图片"→"来自文件";

(2) 选择喜欢的图片文件双击之;

(3) 鼠标指向图片四周的尺寸控点上,拖动鼠标直到图片的大小合适;

(4) 在图片上按鼠标右键,选择"设置图片格式",其对话框上有多个选项卡,可以用来设置图片的版式等。

操作 11　插入剪贴画。

(1) 选择"插入"→"图片"→"剪贴画";

(2) 在对话框的"搜索文字"文本框中输入关键字,如"动物";

(3) 在随后出现的图片中选择喜欢的双击之。

操作 12　在文档中插入手工绘制的图形。

(1) 打开"绘图"工具栏(如图 8-4):选择菜单"视图"→"工具栏"→"绘图",或右键单击工具栏空白处然后在快捷菜单上选择"绘图";

图 8-4　"绘图"工具栏

(2) 在该工具栏上选择合适的按钮(如椭圆、矩形、直线、自选图形等)单击,鼠标指针变成十字状,拖动鼠标即可画出相应的图形;

(3) 如何设置所画图形的线型、线条颜色及填充颜色呢?

① 选择线型:

先选择要设置的图形,再选择"绘图"工具栏上的"线型"按钮 ▤ 、或"虚线线型"按钮 ▦ 、或"箭头样式"按钮 ⇄ ,然后根据需要选择相应线型即可,注意,"箭头样式"只适用于各种线条状的图形。

② 选择线条颜色:

先选择要设置的图形,再选择"绘图"工具栏上的"线条颜色"按钮 ✍ 并在其颜色托盘上根据需要选择即可,略。

③ 选择具有一定面积的图形(椭圆或矩形等)的填充颜色:

先选择要设置的图形,再选择"绘图"工具栏上的"填充颜色"按钮 ⬜ 并在其颜色托盘上根据需要选择即可,略。

(4) 设置自选图形的默认效果:

① 为方便绘制多个线条形状及颜色等属性都一致的图形,请先绘制其中一个,然后将其设置为默认,则以后再绘制的其他图形的线条粗细和颜色等都会跟刚才那个图形一样。请继续看下一步;

② 选择这个图形;

③ 再选择"绘图"工具栏上的"绘图"按钮 绘图(D)▾ ;

④ 然后在弹出的菜单上选择"设置自选图形图形的默认效果";

⑤ 绘制别的图形看看效果;

(5) 设置绘图网格:

① 网格是用于对齐对象的一系列相交线,可以选择"绘图"工具栏上的"绘图"按钮 绘图(D)▾ ;

② 然后在弹出的菜单上选择"绘图网格…";

③ 再于随后弹出的对话框的"网格设置"一栏中将"水平间距"和"垂直间距"的值调至合适程度,一般是将该值调小些,以便以后绘图或微移图形;

(6) 图形的翻转或旋转:

① 选择要设置的图形;

② 选择"绘图"工具栏上的"绘图"按钮 绘图(D)▾ ;

③ 然后在弹出的菜单上选择"旋转或翻转";

④ 再进一步于下级菜单中选择要旋转或翻转的角度;

(7) 同时选择多个图形的方法:

① 方法 1,按住 Shift 键再逐个单击;

② 方法 2,先单击"绘图"工具栏上的"选择对象"按钮 ▨ ,再拖动鼠标使得虚框能框图住所需的几个图形对象,再单击"选择对象"按钮恢复正常;

(8) 设置多个图形的叠放次序:

① 右键单击要改变层次的图形;

② 然后在快捷菜单上选择"叠放次序…",

　　或者选择图形后,再选择"绘图"按钮 绘图(D) ▾ →"叠放次序…";

　　③ 最后在下级菜单中选择所需层次即可;

　　(9) 将多个图形的组合成一个图形:

　　① 先选择要组合的多个图形(方法见第 7 步);

　　② 再选择"绘图"按钮 绘图(D) ▾ →"组合",

　　或按鼠标右键选择"组合";

提示　取消图形组合的过程恰好相反。

　　文本框是一种可移动、可调大小的用来存放文字或图形的容器。使用文本框,可以在一页上放置数个文字块,或使文字按与文档中其他文字不同的方向排列。

操作 13　在文档中插入一个文本框,并在其中输入文字。

　　(1) 选择"插入"→"文本框"→"横排"(或"竖排"),

提示　或者单击"绘图"工具栏上的"文本框"按钮 ▦ (文本框里的每行字将是横排的,从上到下)或"竖排文本框"按钮 ▦ (文本框里的每行字将是竖版的,从左到右),两个按钮紧紧相邻,"长得"很像;

　　(2) 鼠标指针变成十字状,拖动鼠标直到文本框大小合适;

　　(3) 单击该文本框内部,输入文字。

提示　对文本框也可以利用"绘图"工具栏上的按钮(线型、线条颜色及填充颜色等等)来修饰。

操作 14　插入艺术字。将"安徽财经大学"制成艺术字,插入于文本之中。

　　(1) 在文档中用鼠标单击要插入艺术字的位置;

　　(2) 在文档中用鼠标选择要制成艺术字的文字"安徽财经大学",

提示　若不事先选择文字的话,可在"编辑「艺术字」文字"对话框弹出后再输入文字;

　　(3) 选择菜单"插入"→"图片"→"艺术字",

提示　也可在"绘图"工具栏上单击按钮"插入艺术字" ▦ ;

　　(4) 在"艺术字库"对话框中选择一种样式,单击"确定";

　　(5) 在弹出的"编辑艺术字文字"对话框中根据需要设置字体、字号、加粗、倾斜,或重新输入、修改文字内容;

　　(6) 单击"确定"。

习题 8

　　按要求对下文《金牛座寓言故事》进行修饰:

1. 将首行文字"金牛座寓言故事"设置为艺术字。

2. 搜索一个图片插入在文章中合适之处。

3. 在文章的最后一行插入当前系统日期,右对齐。

4. 保存文档并加设置密码,命名为"金牛座寓言故事.doc"。

金牛座寓言故事

寡妇与母鸡——累积财富固然重要,但别忘记自己手上有多少筹码可以失去。

有个寡妇养着一只母鸡,母鸡每天下一个蛋。她以为多给鸡喂些大麦,就会每天下两个蛋。于是,她就每天这样喂,结果母鸡越来越肥,每天连一个蛋也不下了。这故事说明,有些人因为贪婪,想得到更多的利益,结果连现有的都失掉了。

5. 输入下面这首古诗,将标题设置为黑体二号字,将正文设置楷体三号并加上拼音。

柳宗元:江雪

千山鸟飞绝,万径人踪灭。

孤舟蓑笠翁,独钓寒江雪。

6. 将下面的古诗输入到一个"竖排"文本框中,并选择一个图片或其他的图案作为填充的背景,请注意根据背景的颜色设置突出的文字颜色,提示,可选择下划线、合适的字体等。

李白:月下独酌

花间一壶酒,独酌无相亲。

举杯邀明月,对影成三人。

月既不解饮,影徒随我身。

暂伴月将影,行乐须及春。

我歌月徘徊,我舞影零乱。

醒时同交欢,醉后各分散。

永结无情游,相期邈云汉。

实验 9　在 Word 中插入表格

实验目的

- 掌握插入和绘制表格的方法
- 表格中数据的基本编辑
- 行、列、单元格的控制
- 数值计算及数据排序

相关知识

- 表格的行、列、单元格的控制
- 表格中常用的计算
- 表格的排序

实验内容

【任务1】　插入或绘制表格

有时在文档中插入一些表格，用具体的数据来使文档内容更有说明力，有些表格是形状规则的，而有的则不然，需要在生成一个规则的表格后再进一步调整。

操作1　利用工具栏插入一个 5 行 6 列的表格。

单击工具栏上的"插入表格"按钮　，在弹出的小窗口中拖动鼠标选择单元格直到所需要的行数和列数直到"5×6 表格"字样出现。

提示　若点击按钮"插入 Microsoft Excel 工作表"　则可直接插入一张 Excel 工作表；

操作2　通过选择菜单完成表格的插入。

(1) 选择菜单"表格"→"插入"→"表格"；

(2) 在"表格尺寸"下输入"列数"和"行数"的值；

(3) 根据需要选择其他选项，如"自动调整"操作、表格样式等（自己逐项练习）；

(4) 单击"确定"。

操作3　手工绘制表格。

(1) 选择菜单"表格"→"绘制表格"；

(2) 在弹出的"表格和边框"工具栏上单击"绘制表格"按钮（鼠标指针会变成铅笔状）；

（3）在工具栏上选择合适的线型、粗细、边框颜色，在当前编辑窗口的空白处手工拖动鼠标绘制表格；

（4）关闭"表格和边框"工具栏；

提示　表格建立好后，可单击表格，并选择菜单"表格"→"自动调整"→"根据内容调表格"等项。

提示　对于规则的表格一般用直接插入的办法，不规则的表格手工绘制，有时先插入一个规则的表格，再用手工绘制表格的办法修改它。

练习　用上述方法建立下表。

先在 Word 文档中插入一个 2 行 10 列的表格，再填写数据。先填写第一行标题，再填写每个人的记录，注意，输入完一个单元格的数据时按 Tab 键可令光标跳向右边单元格，在末行末列单元格按 Tab 键可自动增加一行，所以不必一开始就生成所有的行。

工资表

编号	姓名	性别	工作时间	会员否	职称	职务工资	奖金	房租	水电
1001	马达	男	1984-5-1	1	工人	85.00	15.00	7.00	4.00
1002	徐适	男	1965-9-1	0	高工	225.00	25.00	13.50	7.50
1003	王萍	女	1980-9-6	1	助工	134.00	18.00	12.00	6.00
1004	徐美英	女	1965-9-10	1	高工	235.00	30.00	13.50	7.50
1005	杨莲	男	1964-9-12	1	高工	245.00	30.00	13.50	7.50
1006	江南	男	1982-7-1	0	工人	96.00	15.00	7.20	4.00
1011	王小梅	女	1998-9-1	0	助工	600.00	260.00	20.00	30.00

【任务 2】　表格中行、列和单元格的控制

要想完成或修改一张表格，必须能熟练地控制表格中的行、列和单元格，比如选取行、列和单元格，或者删除、插入它们。根据需要适当拆分和合并单元格也是常进行的操作。下面用前面的练习中建立的《工资表》进行相关练习。

操作 4　选取行、列、单元格、表格。

（1）单击表格中的单元格；

（2）点击菜单"表格"→"选择"，执行下列操作之一：

① 选择"行"，该单元格所在行被选取；

② 选择"列"，该单元格所在列被选取；

③ 选择"单元格"，该单元格被选取；

④ 选择"表格"，该单元格所在的表格被整个选取。

操作 5　选取单元格。

把光标放到单元格的左下角，鼠标变成一个黑色的箭头，按下左键可选定一个单元格，拖动可选定多个。

操作 6　选取表格中的行。

选中一行文字一样，在左边文档的选定区中单击，可选中表格的一行单元格。

操作 7　选取表格中的列。

把光标移到这一列的上边框,等光标变成向下的箭头时单击鼠标即可选取一列。

操作 8 选取整个表格。

把光标移到表格上,等表格的左上方出现了一个移到标记 ⊞ 时,在这个标记上单击鼠标即可选取整个表格。

通常是先建立一个只有田字格的规则表格,再在其基础上进行修改,而单元格的合并与拆分是最经常的操作了。下面来练习单元格的合并与拆分。

操作 9 单元格的合并。

(1) 先选择要合并的若干个相邻的单元格;

(2) 再选择菜单"表格"→"合并单元格",

或按鼠标右键选择"合并单元格"。

操作 10 单元格的拆分。

(1) 先选择要拆分的单元格;

(2) 再选择菜单"表格"→"拆分单元格",

或按鼠标右键选择"拆分单元格"。

练习

建立一个如下表的《工作进度报告表》,并输入数据,注意外边框线和表格内部的线粗细不同。

工作进度报告表

单位	工序	进度	完成日期	备注
一车间	铸模	100％	2005-7-10	
	去毛刺	100％	2005-7-15	废品率 1％
	热效处理	100％	2005-7-20	
二车间	车外圈	100％	2005-7-25	
	钻孔	100％	2005-8-6	
	攻螺纹	100％	2005-8-10	废品率 1.5％
	热处理	100％	2005-8-17	
三车间	磨外表面	100％	2005-8-25	废品率 0.7％

在 Word 表格中插入行、列或单元格的操作是类似的,下面仅以插入列为例说明,其余请自行练习。

操作 11 插入行、列、单元格。请在前面的《工资表》的最后一列右边插入"实发工资"一列。

(1) 选择表格的最后一列;

(2) 选择菜单"表格"→"插入"→"列(在右侧)";

(3) 单击该列第一个单元格,输入"实发工资"。

操作 12 手工调整表格的行高和列宽:用鼠标拖动行或列的分隔线即可。

操作 13 调整表格的大小。

(1) 选择整张表格或者需要调整的部分单元格,按鼠标右键选择"表格属性";

(2) 选择"表格"选项卡,在"对齐方式"下选择"居中";

（3）选择"行"选项卡，设置行的高度；

（4）选择"列"选项卡，设置列的宽度；

（5）选择"单元格"，在"垂直对齐方式"下选择"居中"。

设置表格中文字的字体、字形、字号、颜色以及单元格的底纹和边框，填充颜色等等，方法与前面所介绍的文字的修饰方法类同。

【任务3】 表格的数值计算

在表格中有些单元格中的数据是根据别的单元格中的数据计算而来的，比如求和就是特别常用的计算。虽然 Word 中的表格的自动计算并不像在 Excel 中那么方便，但只要这张表格"长像"复杂但需要计算的数据却很少又简单，那在 Word 中制表仍然是划算的，因为 Word 中的表格的形状容易修改。如果需要复杂的计算或根据表格数据生成图表以用作分析，或需要将表格数据导入数据库等等，就会用 Excel 制作电子表格，这也是后面的实验中要学习的内容。当然，Excel 工作表中的数据可以直接复制到 Word 中来。

下面学习如何在 Word 中的表格进行简单的计算。

操作14 建立下表并计算下面"工资表"中所有人的职务工资总和，填在表格对应列的最后一行单元格。

（1）选择"职务工资"那列的最后一个的单元格 B6（即第 2 列第 6 行），

提示 第 1 列是 A 列，第 2 列是 B 列，以此类推，则第 6 行第 2 列单元格是 B6，以此类推；

（2）选择"表格"→"公式"；

（3）在"公式"一栏输入"＝SUM(ABOVE)"，

提示 如果选定的单元格位于一列数值的底端，Microsoft Word 将建议采用公式 ＝SUM(ABOVE)进行计算，如果选定的单元格位于一行数值的右端，Word 将建议采用公式 ＝SUM(LEFT) 进行计算。而且，公式都要以等号"＝"开头，其中 sum 是求和函数，average 则是用于求平均值。

（4）如果该公式正确，请单击"确定"按钮。

工资表

姓名	职务工资	奖金	房租	水电	实发工资
马达	585.00	150.00	25.00	4.00	
徐适	425.00	125.00	25.00	7.50	
王萍	434.00	118.00	25.00	6.00	
徐美英	535.00	130.00	30.00	7.50	
合计					

练习 将上表中的"合计"改为"平均值"，再计算所有人的职务工资平均值，填在表格适当单元格中。

操作15 计算"工资表"中"马达"的实发工资。

（1）单击"马达"这人的实发工资单元格 F2；

（2）选择菜单"表格"→"公式"；

（3）在"公式"一栏中输入"＝b2+c2−d2−e2"或者"＝sum(b2,c2)−sum(d2,e2)"，

提示 此表中"实发工资＝职务工资＋奖金－房租－水电";

(4) 单击"确定"。

提示 若此人职务工资增长到 650 元,不需重新计算,只要单击其实发工资列中对应单元格中数据再按功能键 F9,即可自动更新。从这一点来看,在 Word 中建立的表格其观赏性大于实用性,如果需要用表格进行大量计算甚至分析的话,应该直接用 Excel 来建立表格及相关图表等等。

练习 计算上表中其余的人员的实发工资。

【任务 4】 对表格数据进行排序

如果表格中每行记录按所需要的顺序进行了排序,那查找表中的信息将会十分快速,通常对同一张表中的记录按不同的关键字排序,比如,按编号、按名称、按日期和时间先后、按某列数据的数值大小等等。

操作 16 对上面的工资表按实发工资的降序排序。

(1) 选择表格中要排序的各行(不包括"合计"那行);

(2) 选择"表格"→"排序";

(3) 在"主要关键字"下选择"实发工资",并选择"降序";

(4) 在"列表"中选择"有标题行"(第一行的"姓名"等等即为标题行);

(5) 单击"确定"。

习题 9

1. 制作一个《个人简历》,要求文档中包含表格说明,以及自己的照片,标题使用艺术字,其余自己设计。

2. 制作一张课程表。

3. 制作一张本班成绩表,并按学号或成绩排序。

实验 10　Excel 工作表的创建及基本操作

实验目的

- 创建工作簿和工作表
- 几种常见类型的数据录入
- 自动填充
- 行与列的调整
- 单元格的复制、移动、删除
- 单元格的编辑

相关知识

- Excel 的界面结构
- 工作簿、工作表、单元格
- 数据类型、输入方法、填充方式

实验内容

【任务 1】　建立工作簿和工作表

Excel 中文档的各项操作(如新建、保存、多文档切换、关闭等等)与 Word 类同,这里不再重复介绍。

在建立工作簿和工作表之前,必须先了解 Excel 的窗口界面,其菜单和工具栏都是"活"的,有时可以根据需要来调整,下面做两个简单的练习。

操作 1　设置"始终显示整个菜单",使菜单始终显一示全部选项。

(1) 单击菜单"工具"→"自定义";

(2) 选择"选项"选项卡;

(3) 选择复选框"始终显示整个菜单";

(4) 单击"关闭"。

操作 2　建立自定义工具栏。

(1) 单击菜单"工具"→"自定义";

(2) 在弹出的"自定义"对话框中选择"工具栏"选项卡;

(3) 单击"新建"按钮,然后给出现的新工具栏命名,并单击"确定";

(4) 再选择"命令"选项卡;

(5) 从"类别"框中选择所需的类别,再从命令框中选取相应命令按钮"拖到"新工具栏上,直到找完所有所需的按钮,

提示　这时不需要的按钮可以直接从工具栏上"拖"下来;

(6) 关闭对话框。

提示　自定义的工具栏可以像 Office 自己提供的工具栏一样打开和关闭,也可以删除,方法是:鼠标右键单击菜单或工具栏右侧空白处,然后在快捷菜单上选择"自定义",在打开的"自定义"对话框中选择"工具栏"选项卡,然后在工具栏列表框中选取要删的工具栏名称,单击"删除"按钮即可。

操作 3　工作簿和工作表的创建。建立下面的《××××公司职工人事档案表》(如图 10-1)并输入数据。

	A	B	C	D	E	F	G	H
1	XXXX公司职工人事档案表							
2	职工编号	姓名	参加工作时间	家庭电话	办公电话	手机	实际工资	其它收入
3	1100	张三丰	1994年7月1日	05521234567	7654321	13912344321	1500.00	1200.00
4	1101	李方主	1988年8月1日					
5	1102	王五寻	1989年7月8日					
6	1103	赵七	2003年7月4日					
7	1104	张九	2001年8月7日					

图 10-1　《××××公司职工人事档案表》

(1) 打开 Excel,则系统会自动建立一个名为"book1.xls"的新工作簿,其中包含 3 张工作表,分别为 Sheet1、Sheet2、Sheet3,我们将在 Sheet1 中输入该表的数据;

(2) 先不要着急输入数据,表格中包含了文本、数值、日期等不同类型的数据。输入数据的方法请参考下面操作 4 的各个步骤完成。

【任务 2】　工作表中几种常见类型的数据录入

操作 4　请按下面的步骤在 Excel 中逐步完成表格数据输入:

(1) 输入第一行的标题。标题"××××公司职工人事档案表"是第一行的前 8 个单元格 A1:H1 合并居中的结果。可以先选择这 8 个单元格,再单击 Excel 格式工具栏上的"合并及居中"按钮 ,再输入文字(也可先在 A1 单元格中输入文字再进行合并居中);

(2) 输入第二行标题。单击单元格 A2,输入"职工编号",按 Tab 键或右箭头,然后在单元格 B2 中输入"姓名",以此类推……;

(3) 文本和数值可直接输入,文本将自动左对齐,而数值则右对齐。对于貌似数字的文本(比如电话号码)输入时应以单引号开头,比如输入:'05521234567,否则其前导的零将会被取消;

(4) 日期输入的格式为:1988-12-25 或者 1988/12/25;

(5) 数据输入后,其格式仍然可以改变,比如日期输入之后,其格式可按下列步骤修改:

① 选择有日期的所有单元格;

② 按鼠标右键选择"设置单元格格式";

③ 选择"数字"选项卡;

④ 在"分类"中选择"日期",然后在右侧的"类型"选择你喜爱的格式;

⑤ 单击"确定"。

提示 需要输入日期的单元格的格式可以事先设置好,用于存放其他类型的数据的单元格的格式也可以事先设置。

练习 将表格中的"实际工资"和"其他收入"两列设置为数值类型,小数点两位。

提示 请不要忘记保存文件!例如以"职工人事档案表.xls"为文件名存盘。其中.xls 是 Excel 中工作簿文件默认的扩展名。保存的方法类同保存 Word 文档,这里不再重复。

操作 5 Excel 中回车后的单元格选定。例如,希望输入一个单元格内容后,按回车时光标会自动跑到右边的单元格中。

(1) 选择 Excel 菜单"工具"→"选项";

(2) 选择"编辑"选项卡;

(3) 在"设置"中将"按 Enter 键后移动方向"改为"向右"(共有 4 个方向可选);

(4) 单击"确定"。

【任务 3】 自动填充

工作表中一些有规律的数据能够自动生成,而不需要一个个地输入,比如需要在工作表中填写等比数列、等差数列,不同单元格要填写相同的文本,常用的表头标题等等。下面来一一学习。

填充序列(等差)							
填充序列(等比)							
相同数据	男	男	男	男	男	男	男
自定义序列	星期一	星期二	星期三	星期四	星期五	星期六	星期日

操作 6 用填充的方法填入下表中的数据。请在 Excel 中完成如下步骤:

(1) 第一行填充序列(等差):

方法 1

① 选择序列开始处的单元格。该单元格中有序列的第一个值"1";

② 在【编辑】菜单上,选择"填充",然后单击"序列";

③ 出现"序列"对话框,请执行下列操作之一:

a. 要纵向填充序列,请单击"列";

b. 要横向填充序列,请单击"行"(本例中应选"行");

④ 在"步长值"框中,输入序列的递增值"2"。在"类型"中选择"等差序列";

⑤ 在"终止值"框中,输入您希望停止序列的限制值 13。

方法 2

① 可以先在相邻的二个单元格中输入"1"和"3";

② 再选择二个单元格,用鼠标向所需方向拖动单元格右下角的填充句柄(黑十字状)。

(2) 填充序列(等比):

① 选择序列开始处的单元格。该单元格中有序列的第一个值"1";

② 在【编辑】菜单上，选择"填充"，然后单击"序列"；

③ 出现"序列"对话框，请执行下列操作之一：

a. 要纵向填充序列，请单击"列"；

b. 要横向填充序列，请单击"行"。

④ 在"步长值"框中，输入序列的递增值"2"。在"类型"中选择"等比序列"；

⑤ 在"终止值"框中，输入您希望停止序列的限制值 128。

（3）相同数据：

先输入一个值，再选择此单元格，用鼠标向所需方向拖动单元格右下角的填充句柄（黑十字状）即可。

（4）自定义序列：

先输入"星期一"，再选择此单元格，用鼠标向所需方向拖动单元格右下角的填充句柄（黑十字状）即可。这是系统自己提供的序列，如果要建立自己常用的序列，请按下面的操作进行。

操作 7　创建自己的自定义序列。

（1）假设下面通讯录的表头是常用的，请按下面所说的步骤创建它的自定义序列；

姓名	性别	出生日期	家庭电话	办公电话	手机	电子邮箱	邮编	详细地址

（2）打开 Excel，选择菜单"工具"→"选项"；

（3）选择"自定义序列"选项卡；

（4）在"输入序列"文本框中输入表头，提示，一行一个词！（如图 10-2）；

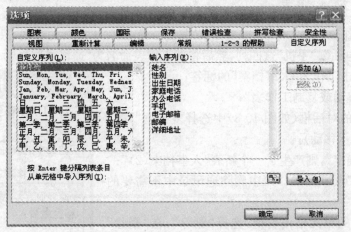

图 10-2　"选项"对话框中的"自定义序列"选项卡

（5）单击"添加"；

（6）单击"确定"；

（7）试一试：在某单元格中输入上面 9 个词中的任一个，如"姓名"，然后拖动该单元格的填充句柄。

【任务 4】　工作表的操作

有时，需要根据表格中的数据给工作表命名，以便能"顾名思义"。当工作簿中默认的三个工作表不够用时，或当下一个要生成的工作表与某张已经存在的工作表内容类似时，就需要复制工作表。如果一个工作簿中的工作表数量较多,常常需要调整它们的次序,这就需要移动工作表的操作。对于不再需要的工作表应当删除。如果工作表中的数据不希望被查询它的其他用户随意修改,或者希望被选取的含有公式的单元格的公式不出现在编辑栏中,那么应该对工作表实施"锁定"或"隐藏"的保护性操作。

1. 重命名工作表

操作8 在完成了前面的《××××公司职工人事档案表》之后,给 Sheet1 的标签重新命名为"人事档案"。

方法1

若工作簿文件"职工人事档案表. xls"已经打开,请在窗口下方右键单击工作表 Sheet1 的标签,在弹出的快捷菜单上选择"重命名",再输入新名字"人事档案";

提示 打开工作簿文件的方法类同打开 Word 文档。

方法2

鼠标直接双击工作表 Sheet1 的标签,输入新名字"人事档案"。

2. 插入工作表

提示 新建的工作簿默认只有三张工作表,要在哪张工作表前插入新工作表,就请右键单击该表的标签,并选择"插入"→"工作表"→"确定"。

3. 复制和移动工作表

操作9 复制工作表。将工作表"人事档案"复制一份,删除不需要的数据,只保留"姓名"、"家庭电话"、"办公电话"、"手机"这四列,然后将新工作表命名为"通讯录"。

(1) 右键单击工作表"人事档案"的标签;

(2) 选择"移动或复制工作表";

(3) 在弹出的对话框(如图 10-3)中选择复选框"建立副本"(不选则表示移动);

(4) 单击"确定",则产生了一个新表"人事档案(2)";

(5) 在新表"人事档案(2)"中删除通讯录中不需要的数据:

选择不需要的单元格按右键,选择"删除",在"删除"对话框中根据需要选择,比如"右侧单元格左移"等,然后单击"确定"即可删除单元格;

提示 Delete 键只能清空单元格。

(6) 将新表"人事档案(2)"重命名为"通讯录"。

操作10 移动工作表。将工作表"通讯录"移到工作表"人事档案"之后。

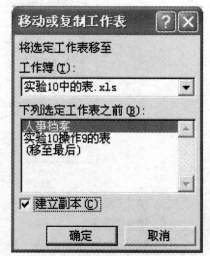

图 10-3 "移动或复制工作表"对话框

直接用鼠标拖动工作表"通讯录"的标签直到合适的位置,拖动时注意表示位置的小黑三角形。

4. 删除工作表

操作11　删除工作表。

　　右键单击欲删除的工作表的标签,选择"删除",在弹出的对话框中选择"删除"按钮表示确定(选择"取消"表示放弃)。

5. 保护工作表

操作12　保护工作表不被修改。

　　(1) 请切换到需要实施保护的工作表;

　　(2) 选择单元格或区域,单击菜单"格式"→"单元格"→"保护"选项卡;

　　(3) 可选取"锁定"复选框来锁定单元格;

　　(4) 想隐藏任何不想显示的公式就选择"隐藏"复选框;

　　(5) 单击"确定";

　　(6) 在"工具"菜单上,指向"保护",再单击"保护工作表";

　　(7) 在文本框"取消工作表保护时使用的密码"中为工作表键入密码(如图 10-4),

提示　该密码是可选的。但是,如果没有使用密码,则任何用户都可取消对工作表的保护并更改受保护的元素。请确保记住所选的密码,如果丢失了密码,就不能访问工作表上受保护的元素了。

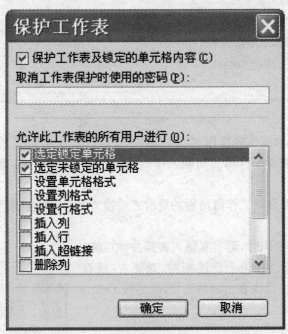

图 10-4　"保护工作表"对话框

　　(8) 在"允许此工作表的所有用户进行"框中,选择需要用户更改的元素(常常省略此步);

　　(9) 单击"确定",并按照提示再次键入密码(如图 10-5)。

操作13　取消工作表的保护。

　　(1) 切换到被保护的工作表;

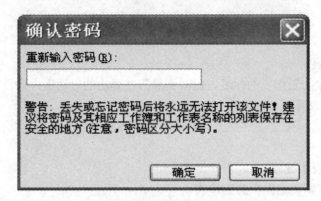

图 10-5 "保护工作表"之"确认密码"对话框

（2）在"工具"菜单上，指向"保护"，再单击"撤消工作表保护"；

（3）如果有提示，则输入此工作表的保护密码。

操作 14 保存时设置密码以保护工作簿文件不被查看或编辑。

（1）在"文件"菜单上，单击"另存为"；

（2）在对话框的"工具"菜单上，单击"常规选项"，打开"保存选项"对话框（如图 10-6）；

图 10-6 "保存选项"对话框

（3）请执行下列一项或多项操作：

① 如果要用户在查看工作簿之前输入密码，请在"打开权限密码"框中键入密码，然后单击"确定"；

② 如果要用户在保存对工作簿所做的更改之前输入密码，请在"修改权限密码"框中键入密码，然后单击"确定"；

（4）提示重新键入密码时，请重复输入密码并加以确认；

提示 删除已有密码的过程与上所述相同，只要在"保存选项"对话框中双击或选择代表密码的星号，然后按 Delete 键即可。

（5）单击"保存"；

提示 必须保存后密码才有效。

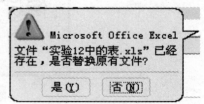

图 10-7 另存的提示

（6）如果出现提示（如图 10-7），请单击"是"以替换已有的工作簿。

说明 密码是一种限制访问工作簿、工作表或部分工作表的方法。Excel 密码最多可有 255 个字母、数字、空格和符号。在设置和输入密码时，必须键入正确的大小写字母。

注意　如果共享工作簿有密码保护,那么在未取消该工作簿的共享前无法更改其密码,该密码可删除修订记录。

共享工作簿是允许网络上的多位用户同时查看和修订的工作簿。每位保存工作簿的用户可以看到其他用户所做的修订。

修订记录是指在共享工作簿中,记录在过去的编辑会话中所做的修订信息。该信息包括修订者的名字、修订的时间以及被修订的数据内容。

【任务 5】　行和列的调整

由于一张工作表中不同单元格中文字的字号、字串的长度可能不同,因此常常需要调整行高和列宽。另外,要学会用正确便捷的方法来选取行、列或单元格,并且在需要的时候能进行插入、删除和隐藏,注意,当有些行列的内容暂时不需要看到,又不能删除时可以将它们隐藏起来。

操作 15　选取整个行或列。单击该行标题或该列标题。

操作 16　调整列宽和行高。

方法 1　列宽可以通过拖动"列标"与"列标"之间的分界线来调整。

例如,调整 B 列宽度可拖动 B 与 C 之间的分界线

方法 2　或双击分界线使其自动成为"最合适的列宽"。

行高的调整与列宽的调整类似,略。

练习

在 Excel 中打开前面操作中所建立的"XXXX 公司职工人事档案表",调整其行高和列宽直到适合。

操作 17　选定操作区域。

(1) 选定连续的区域:

方法 1　先单击区域左上角的单元格,再按住 Shift 键单击区域右下角的单元格。

方法 2　单击左上角的单元格后,再拖动鼠标直到右下角的单元格。

(2) 选定不连续的区域:

先选择一个区域,再按住 Ctrl 键选择另一区域。

操作 18　选择包含特定数据的单元格,即选择活动工作表中所有该类型的单元格。

(1) 请单击任意单元格,或选择包含待选类型单元格的区域;

(2) 在"编辑"菜单上,单击"定位";

(3) 单击对话框中的"定位条件"按钮;

(4) 请执行下列操作之一:

① 若要选择空白单元格,请单击"空值";

② 若要选择包含批注的单元格,请单击"批注";

③ 若要选择包含常量的单元格,请单击"常量";

④ 若要仅选择区域中可见的单元格,虽然该区域也跨越隐藏的行和列,请单击"可见单元格";

⑤ 若要选择当前区域?,如整个列表,请单击"当前区域"。

操作 19　插入空白单元格、行或列。

(1) 请先执行下列操作之一：

① 插入新的空白单元格：选定要插入新的空白单元格的单元格区域。选定的单元格数目应与要插入的单元格数目相等；

② 插入一行：单击需要插入的新行之下相邻行中的任意单元格。例如，若要在第 5 行之上插入一行，请单击第 5 行中的任意单元格；

③ 插入多行：选定需要插入的新行之下相邻的若干行。选定的行数应与要插入的行数相等；

④ 插入一列：单击需要插入的新列右侧相邻列中的任意单元格。例如，若要在 B 列左侧插入一列，请单击 B 列中的任意单元格；

⑤ 插入多列：选定需要插入的新列右侧相邻的若干列。选定的列数应与要插入的列数相等。

(2) 在"插入"菜单上，单击"单元格"、"行"或"列"。

操作 20 删除行或列。

(1) 选定要删除的单元格、行或列；

(2) 在"编辑"菜单上，单击"删除"；

(3) 如果删除单元格区域，请在"删除"对话框中，单击"右侧单元格左移"、"下方单元格上移"、"整行"或"整列"。

那些暂时不想看到的行或列，又不想删除，该怎么办呢？可以先将它们隐藏起来！

操作 21 隐藏行和列。例如，隐藏表格中 E 列。

(1) 选择要隐藏的行或列，如 E 列；

(2) 选择"格式"菜单→"行"或"列"→"隐藏"。

不使用菜单命令的方法：直接向左拖动两个列之间的分界线到左边的分界线，也同样可以把列隐藏起来，把鼠标放到隐藏的列的这个分界线右边一点，可以看到鼠标会变成这样的一个两边有箭头的双竖线，按下左键向右拖动鼠标，就可以把隐藏的列显示出来了。行的隐藏和显示也同样可以这样进行。

操作 22 显示隐藏的行或列。例如，将前面隐藏的 E 列显示出来。

(1) 选择希望显示的隐藏的行或列两侧的行或列：如选择 D 和 F 两列；

(2) 选择"格式"菜单→"行"或"列"→"取消隐藏"。

隐藏了工作表的首行或首列怎么取消？

提示 如果隐藏了工作表的首行或首列，请单击"编辑"菜单上的"定位"，在"引用位置"框中键入"A1"，然后单击"确定"。接着指向"格式"菜单上的"行"或"列"，再单击"取消隐藏"。

同样，也可能存在高度和宽度设置为零的行或列。指向"全选"按钮（在列标 A 的左边）的边框，直到光标改变为两边有箭头的双竖线或两边有箭头的双横线，然后拖动以使行或列变宽。

操作 23 如果工作表中有隐藏的单元格、行或列没显示，可以复制所有的单元格或只复制可见单元格。若要只复制可见单元格，请按下列步骤操作：

(1) 请选定需要复制的单元格；

(2) 在"编辑"菜单上，单击"定位"；

(3) 单击"定位条件"；

　　(4) 单击"可见单元格"选项,再单击"确定";

　　(5) 单击"常用"工具栏上的"复制"按钮;

　　(6) 选定粘贴区域(即目标区域)的左上角单元格;

　　(7) 单击"粘贴"按钮。

【任务 6】　单元格的复制、移动、删除、清除

　　对 Excel 工作表中的单元格进行复制、删除和移动与在 Word 中对表格的处理略有不同,因为 Excel 电子表格更加复杂而且常常含有公式及其他对象。在 Excel 中的"选择性粘贴"的功能更加复杂而又实用,单元格的数据和格式既可以分别地复制,也可以分别地"清除",强调一下,删除操作是删除单元格本身的! 清除操作则不然。

操作 24　移动和复制单元格。

　　(1) 请选定要移动或复制的单元格;

　　(2) 请执行下列操作之一:

　　① 若移动单元格:单击"常用"工具栏上的"剪切"按钮,再选择粘贴区域的左上角单元格;

　　② 若复制单元格:单击"复制"按钮,再选择粘贴区域的左上角单元格;

　　③ 若将选定单元格移动或复制到其他工作表:单击"剪切"或"复制"按钮,再单击新工作表标签,然后选择粘贴区域的左上角单元格;

　　④ 若将单元格移动或复制到其他工作簿:单击"剪切"或"复制"按钮,再切换到其他工作簿,然后选择粘贴区域的左上角单元格;

　　(3) 单击"粘贴"按钮,或单击"粘贴"按钮旁的箭头,再选择列表中的选项。

提示　在移动单元格时,Microsoft Excel 将替换粘贴区域中的数据。

操作 25　在现有单元格间插入移动或复制的单元格或单元格区域。

　　(1) 请选定包含需要移动或复制的内容的单元格或单元格区域;

　　(2) 单击"常用"工具栏上的"剪切"或"复制"按钮;

　　(3) 选定粘贴区域(即目标区域)的左上角单元格;

　　(4) 在"插入"菜单上,单击"剪切单元格"或"复制单元格"命令,在随后弹出的对话框中根据需要选择(要移动周围单元格的方向)后确定。

注意　单元格的内容、格式、批注等等是可以在执行"复制"后"选择性粘贴"的!

　　同样,也可以分别"清除"单元格"内容"、"格式"、"批注"甚至"全部",比如说,当一个单元格的格式被清除了,但单元格与内容仍然保留着,清除意味着该单元格仍然保留。而"删除"单元格一般是指整个单元格被删除了,这个区别是很重要的! 仔细看看"编辑"菜单,上面的"清除"和"删除"是两个不同的选项!

　　如果选定单元格后按键盘上的 Delete 或 Backspace,Excel 将只清除单元格中的内容,而保留其中的批注或单元格格式。例如,某单元格中文字是红色,选择该单元格并按 Delete 键删除文字,当再在其中输入新的文字时,仍然是红色,即格式依旧!

　　如果清除单元格,那么清除后的单元格的值是 0(零),并且引用该单元格的公式会收到一个 0 值。

操作 26　清除单元格格式或内容。

　　(1) 请选定需要清除其格式或内容的单元格、行或列;

（2）在"编辑"菜单上，指向"清除"，再单击"格式"或"内容"。单击"全部"能够清除格式和内容。这也将清除所有的单元格批注和数据有效性。

操作 27 清除单元格区域的格式。

（1）选择要清除单元格区域；

（2）选择菜单"编辑"→"清除"→"格式"。

提示 为方便观察，可以事先对该单元格区域设置某种格式，比如红色字体等。

操作 28 清除单元格区域的内容。

（1）选择要清除单元格区域；

（2）选择菜单"编辑"→"清除"→"内容"。

提示 可以不用菜单，直接按 Del 键。

操作 29 删除单元格 B4。

（1）选择单元格 B4；

（2）选择菜单"编辑"→"删除…"，则弹出对话框（如图 10-8），

或者在该单元格上右击鼠标，再在快捷菜单上选择"删除…"；

（3）根据需要执行下列操作之一：

① 若要其右侧单元格 C4 左移，则选择"左侧单元格左移"；

② 若要其下方单元格 B5 上移，则选择"下方单元格上移"；

③ 若要删除第 4 行，则选择"整行"；

④ 若要删除 B 列，则选择"整列"；

（4）单击"确定"按钮。

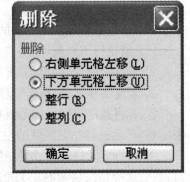

图 10-8 "删除"对话框

习题 10

1. 创建如下电子表格，并填入数据。

	A	B	C	D	E	F
1			*期末考试成绩*			
2	学号	姓名	计算机应用基础	高数	邓小平理论	英语
3	KJ0001	孙李	74	74	80	75
4	KJ0002	张三	85	75	84	85
5	KJ0003	王小璋	96	80	86	95
6	KJ0004	周正	66	69	95	76
7	KJ0005	高朋	45	54	80	86
8	KJ0006	刘晓	90	98	85	92
9	KJ0007	李枚	80	88	60	60
10	KJ0008	吕说	78	75	68	77

2. 添加或删除行和列。

（1）增加一列：

① 在"英语"右侧增加一列"总分"。计算每位同学的总分。

② 在"总分"左侧增加一列"平均分"。计算每位同学的平均分。

③ 在"姓名"右侧增加一列"性别"。填写每位同学的性别。

（2）增加一行：

① 在第三行"孙李"之前增加一人：

（GM00223，詹小兵，80，70，65，83）

② 在表尾将单元格 A12 与 B12 合并，然后填写"学科总平均"。

③ 计算每门课的总平均分。

（3）删除一列。删除"性别"一列。

3. 列的顺序调整为：

学号、姓名、高数、英语、计算机应用基础、邓小平理论、平均分、总分。

4. 根据自己的喜好修饰上述表格的格式，如设置字体、添加底纹、边框、标题的自动换行等，并调整行高和列宽到合适程度。

实验 11　Excel 工作表的格式设置

实验目的

- 单元格格式设置
- 单元格与单元格区域命名与引用
- 能正确应用"自动套用格式"和自动功能
- 名称的删除和定义
- 条件格式的应用
- 样式的应用

相关知识

- 单元格格式的设置
- 条件格式
- 自动套用格式和自动功能
- 单元格与单元格区域命名
- 样式

实验内容

【任务1】　单元格的格式设置

对单元格格式进行适当的设置可以使表格看起来更美观,需要强调的数据更醒目,查询起来更容易找到所需要的数据。设置的方法与 Word 的格式设置方法有类似之处。

1. 在数字选项卡中设置数据格式

操作1　将表格中的数值设置为货币格式。

（1）先在 Excel 中建立下表（如图 11-1），然后选择要设置的区域 C3：G7；

	A	B	C	D	E	F	G
1			小小零售店2004年度员工季度销售额统计表				
2	工号	姓名	一季度	二季度	三季度	四季度	总计
3	2101	韦小宝	6540	5200	5800	5540	23080
4	2102	杨过	4800	5476	3500	4000	17776
5	2103	小龙女	3656	6540	4960	4300	19456
6	2104	陆大安	5452	6400	2600	3900	18352
7	合计		20448	23616	16860	17740	78664

图 11-1　销售统计表

(2) 按鼠标右键选择"设置单元格格式";

(3) 选择"数字"选项卡;

(4) 在"分类"下选择"货币";

(5) 在对话框中设置"小数位数"是 2 位,"货币符号"是人民币以及"负数"的格式(如图 11-2);

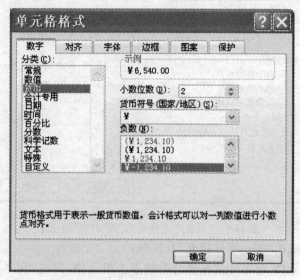

图 11-2　在"数字选项卡"中设置货币格式

(6) 单击"确定",则结果如下图 11-3。

	A	B	C	D	E	F	G
1	小小零售店2004年雇员季度销售额统计表						
2	工号	姓名	一季度	二季度	三季度	四季度	总计
3	2101	韦小宝	¥6,540.00	¥5,200.00	¥5,800.00	¥5,540.00	¥23,080.00
4	2102	杨过	¥4,800.00	¥5,476.00	¥3,500.00	¥4,000.00	¥17,776.00
5	2103	小龙女	¥3,656.00	¥6,540.00	¥4,960.00	¥4,300.00	¥19,456.00
6	2104	陆大安	¥5,452.00	¥6,400.00	¥2,600.00	¥3,900.00	¥18,352.00
7	合计		¥20,448.00	¥23,616.00	¥16,860.00	¥17,740.00	¥78,664.00

图 11-3　在"数字选项卡"中设置货币格式

提示　加上人民币符号后若列宽不够,则列中会显示"♯",加大列宽即可。

练习　其他的数字类型的设置请同学们在 Excel 中逐个自行练习。

2. 在对齐选项卡中设置文字的对齐方式和方向

操作 2　设置表格中的文字对齐方式。如:水平对齐方式为居中。

(1) 选择要设置的单元格区域;

(2) 按鼠标右键选择"设置单元格格式";

(3) 选择"对齐"选项卡;

(4) 在"文本对齐方式"下将"水平对齐"方式设置为"居中";(如图 11-4)

(5) 若在"文本控制"下选择"自动换行"复选框,则对于文本太长而列宽不足的列文本可以在单元格内自动换行;

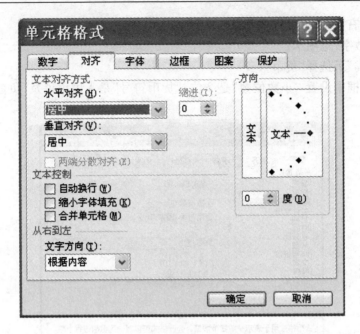

图 11-4　"设置单元格格式"的"对齐"选项卡

　　(6) 可根据需要选取"缩小字体填充"复选框；

　　(7) 若要合并单元格,可事先选择要合并的多个单元格,再在"文本控制"下选择"合并单元格"；

　　(8) 单击"确定"。

操作3　将表格中的标题行(假设是第一行)的行高加大,并设置文字"垂直对齐"方式为"靠上"。

　　(1) 设置标题行新的行高；

方法1　单击行标"1",按鼠标右键选择"行高",输入行高值,例如 30 ,回车；

方法2　用鼠标拖动行标"1"和"2"之间的分隔线,直到行高适合。

　　(2) 按鼠标右键选择"设置单元格格式"→"对齐"选项卡；

　　(3) 在"文本对齐方式"下将"垂直对齐"方式设置为"靠上"；

　　(4) 单击"确定"。

操作4　对于某些行高很大,但列宽却很小的单元格,我们可以将单元格中的文字方向改变为竖直的。

　　(1) 选择要设置的单元格；

　　(2) 按鼠标右键选择"设置单元格格式"→"对齐"选项卡；

　　(3) 在方向中选择竖直的文本方向。当然也可以用鼠标拖动方向框中带红点的指针设置角度,以便使文字向任意方向偏转；

　　(4) 单击"确定"。

提示　在"对齐"选项卡中的"文本控制"部分,已练习过,请自行复习。

操作5　填充条纹。利用对齐方式中的填充功能在工作表中加入漂亮的横条纹。

　　(1) 先在某一个单元格内填入" * "或"～"等符号,然后单击此单元格；

　　(2) 向右拖动鼠标,选中横向若干单元格；

（3）按鼠标右键选择"设置单元格格式"→"对齐"选项卡；

（4）在水平对齐下拉列表中选择"填充"；

（5）单击"确定"按钮。

3. 设置单元格格式的其他选项卡

"单元格格式"对话框中还有"字体"选项卡、"边框"选项卡、"图案"选项卡和"保护"选项卡。有关"字体"、"边框"、"图案"（也即"底纹"）的设置与 Word 中类同，不再重复，请自行练习。有关工作表的保护将在下一实验中介绍。

（1）在前面操作里建立的表中，选择要加边框的单元格区域；

（2）单击"格式工具栏"上的"边框"按钮 旁边的小三角打开下拉列表，如图 11-5；

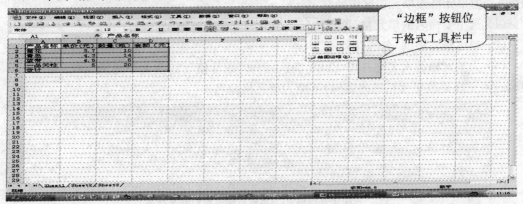

图 11-5　使用格式工具栏上的边框按钮

（3）选择其中的"所有框线"（即田字格形状的），注意观察表格的变化。

【任务 2】　单元格或单元格区域命名与引用

1. 给单元格或单元格区域命名的原因

可以在工作表中使用列标志和行标志引用这些行和列中的单元格，也可创建描述名称来代表单元格、单元格区域、公式或常量值，如果给有些并不连续而又性质相同常被引用的单元格区域或者"遥远的"单元格命名，则引用它们时将会更加方便。

例如，"产品"可以引用难于理解的区域"Sales！C20：C30"，而公式 ＝SUM（一季度销售额）要比公式 ＝SUM（C20：C30）更容易理解。名称也可以用来代表不会更改的（常量）公式和数值。例如，可使用名称"销售税"代表销售额的税率（如 6.2％）。

在默认状态下，名称使用绝对单元格引用。

特别地，如果公式引用的是相同工作表中的数据，那么就可以使用标志；如果想表示另一张工作表上的区域，那么请使用名称，名称可用于所有的工作表。

例如，如果名称"预计销售"引用了工作簿中第一个工作表的区域 A20：A30，则工作簿中的所有工作表都使用名称"预计销售"来引用第一个工作表中的区域 A20：A30。

2. 命名规则

（1）名称的第一个字符必须是字母或下划线，不区分大小写。

（2）名称中的字符可以是字母、数字、句号和下划线。

（3）名称中不能有空格，但可以用下划线和句号作单词分隔符，例如：Sales_Tax 或 First. Quarter。

（4）最多可以包含 255 个字符。

（5）名称不能与单元格引用相同，例如 Z$100 或 R1C1 是错的。

3. 命名方法

操作 6　为单元格或单元格区域命名。

（1）选中要命名的单元格、单元格区域或非相邻选定区域；

（2）单击最左边的"名称"框；

（3）为单元格键入名称并按 Enter 确认，例如"统计值"（如图 11-6）。

提示　当正在更改单元格的内容时，不能为单元格命名。

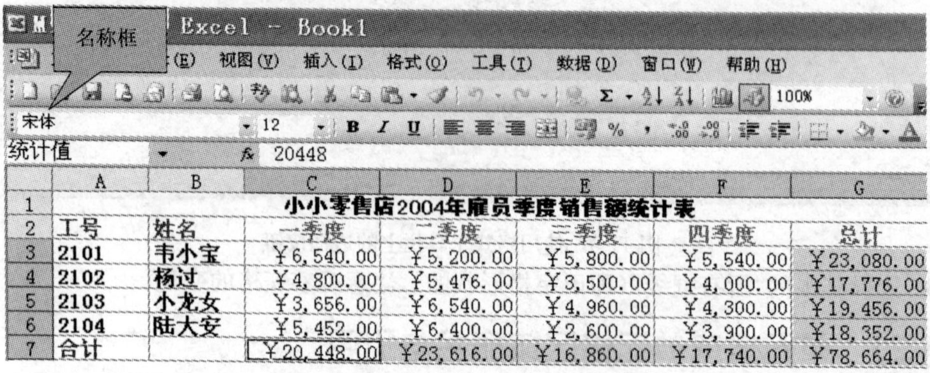

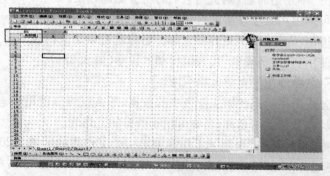

图 11-6　在名称框中为单元格区域命名

操作 7　选定单元格。

（1）直接单击该单元格；

（2）或者在"名称框"中输入其位置（如 F30），也可以输入其"名称"（假设事先已命名），然后回车（如图 11-7）。

图 11-7　"名称框"中显示当前被选中的单元格 B5 的位置"B5"

操作 8　更改或删除已定义的名称。

（1）在"插入"菜单上，指向"名称"，再单击"定义"，弹出"定义名称"；

（2）在"在当前工作簿中的名称"列表框中，单击需要更改的名称（如图 11-8）；

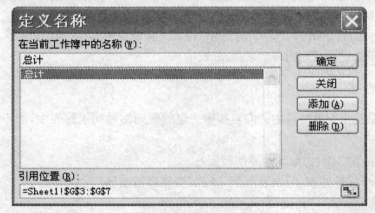

图 11-8　"定义名称"对话框

（3）请执行下列操作之一：

① 更改名称：为引用键入新名称，再单击"添加"，单击原名称，再单击"删除"；

② 更改由名称代表的单元格、公式或常量：在"引用位置"框中更改；

③ 删除名称：单击"删除"。

【任务 3】　使用自动套用格式和自动功能

1. 自动套用格式

自动套用格式可应用于数据区域的内置单元格格式集合，例如，字体大小、图案和对齐方式。Excel 可识别选定区域的汇总数据和明细数据的级别，然后对其应用相应的格式。

操作 9　下面表格（图 11-9）的格式是通过设置自动套用格式而得，要得到它按下面步骤操作：

	A	B	C	D	E	F	G
1	小小零售店2004年雇员季度销售额统计表						
2	工号	姓名	一季度	二季度	三季度	四季度	总计
3	2101	韦小宝	6540	5200	5800	5540	23080
4	2102	杨过	4800	5476	3500	4000	17776
5	2103	小龙女	3656	6540	4960	4300	19456
6	2104	陆大安	5452	6400	2600	3900	18352
7	合计		20448	23616	16860	17740	78664

图 11-9　在"数字选项卡"中设置货币格式

（1）先在 Excel 中输入表格中的数据，注意，"总计"与"合计"可以用"自动求和"的方法来求；

（2）选择要设置或删除自动套用格式的单元格区域（A2:G7）；

（3）在"格式"菜单上，单击"自动套用格式"；

（4）单击所需格式"三维效果 1"（注意，最后的一个格式是"无"，可用于删除自动套用格

式),

提示　如果想在自动套用格式时仅使用自动套用格式的选定部分或删除自动套用格式,请单击"选项",然后清除不需要应用的格式的复选框;

(5) 单击"确定";

(6) 设置标题:将区域 A1:G1 合并居中,将其字体设置为黑体、加粗、12 号。

试一试给该表设置其他的自动套用格式。

2. 选择性粘贴

选择性粘贴是指把剪贴板中的内容按照一定的规则粘贴到工作表中,而不是像前面那样简单地拷贝。

操作 10　行列转置功能(类似于矩阵的转置)。

例如,将一个横排的表(假设有 N 行 M 列)变成竖排的(M 行 N 列)。

(1) 选择这个表格并"复制"它;

(2) 选定粘贴区域的左上角单元格。粘贴区域必须在复制区域以外;

(3) 选择菜单"编辑"→"选择性粘贴",选中"转置"前的复选框,然后单击"确定",或者单击"粘贴"按钮右侧的箭头,然后单击"转置"。

提示　另外一些简单的计算也可以用选择性粘贴来完成:选中这些单元格,复制一下,然后打开"选择性粘贴"对话框,在"运算"一栏选择"加",单击"确定"按钮,单元格的数值就是原来的两倍了。此外你还可以粘贴全部格式或部分格式,或只粘贴公式等等。

3. 记忆式键入

在 Excel 的单元格中键入文本时,Excel 会将扫描同一列中的所有条目并将列中与所输入的文字相匹配的条目显示在单元格中,这就是记忆式键入功能;此时直接按回车键就可以接受所匹配的条目。

"记忆式键入"仅匹配完整的单元格条目,而不是单元格中单个的词。当编辑公式时,"记忆式键入"不工作。选择"工具"菜单的"选项"命令,打开"选项"对话框,单击"编辑"选项卡,清除"记忆式键入"复选框就可以禁用"记忆式键入"功能。

4. 选择列表

在单元格上单击右键,可以看到"选择列表"命令,这个命令在"记忆式键入"功能打开时是可见的,单击它就可以显示同一列上邻近单元格中的所有唯一条目的列表。选择列表中的某个条目就可以把它插入所选的单元格中。

【任务 4】　条件格式的运用

如果需要设置相同格式的单元格相距遥远或者十分零散,例如,想把一张成绩表中所有不及格的分数都统一设置为红色、加粗的话,仅仅是找到它们就够麻烦了,因为这些分数在表格中的位置很分散,就算用格式刷也不能让操作简便,而学会使用"条件格式"是解决这一问题的好办法。下面举例说明。

操作 11　将"小小零售店 2004 年雇员季度销售额统计表"中低于 4000 元的数值设置为加粗

倾斜、红色。结果如下表（如图 11-10）：

	A	B	C	D	E	F	G
1			小小零售店2004年雇员季度销售额统计表				
2	工号	姓名	一季度	二季度	三季度	四季度	总计
3	2101	韦小宝	6540	5200	5800	5540	23080
4	2102	杨过	4800	5476	*3500*	*4000*	17776
5	2103	小龙女	*3656*	6540	4960	4300	19456
6	2104	陆大安	5452	6400	*2600*	*3900*	18352
7	合计		20448	23616	16860	17740	78664

图 11-10 设置条件格式后的表格

（1）选择要设置的区域：表格中的 C3:F6 单元格区域；

（2）选择菜单"格式"→"条件格式"；

（3）将"条件 1"设置为"单元格数值""小于或等于""4000"，并单击"格式"按钮，将字体设置为加粗倾斜、红色（如图 11-11）；

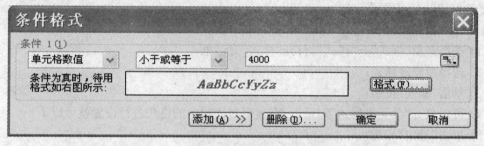

图 11-11 设置条件格式对话框

提示 如有需要，还可以单击"添加"按钮，设置"条件 2"，也可单击"删除"按钮删除某个条件；

（4）单击"确定"。

通过以上操作可了解，其实所谓"条件格式"就是将符合给定条件的那些单元格设置成统一的格式，当然这个格式也是由自己指定的。

【任务 5】 样式的应用

操作 12 把自己经常使用的单元格格式保存为一个样式。

（1）选择已经设置了所需格式的单元格；

（2）选择菜单"格式"→"样式"，打开"样式"对话框；

（3）在"样式名"文本框中输入你给样式的命名，例如，"我的样式"之类自拟的名称（如图 11-12）；

（4）单击"添加"按钮；

（5）单击"确定"，则我们选定单元格的格式就作为样式保存了起来。

操作 13 将自己保存的样式应用于其他单元格：

（1）选择工作表中的需要设置格式的单元格；

（2）选择菜单"格式"→"样式"，打开"样式"对话框；

（3）在"样式名"下拉列表中选择我们所需的样式名，如前面已经保存的"我的样式"；

（4）单击"确定"按钮，样式就应用了过来。

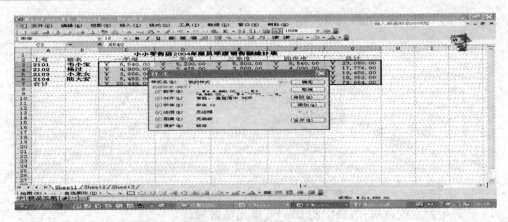

图 11-12 设置自定义样式

在我们将样式中包含的格式应用到单元格中时,实际所应用的只是对话框中复选框选中的格式选项;如果我们只想应用样式中的一部分格式,只需在应用样式时,将不想应用的部分前的复选框清除就可以了。

操作 14 样式的修改。

(1) 选择菜单"格式"→"样式",打开"样式"对话框;

(2) 选择要修改样式;

(3) 单击"修改"按钮;

(4) 可以打开"单元格格式"对话框,在这里对样式中的格式进行设置就可以了;

(5) 单击"确定"按钮。

操作 15 样式的删除。

(1) 选择菜单"格式"→"样式",打开"样式"对话框;

(2) 选择要删除样式;

(3) 单击"删除"按钮;

(4) 单击"确定"按钮。

操作 16 从另一个工作簿中复制样式。

(1) 打开含有要复制的样式的工作簿;

(2) 打开需要样式的目标工作簿,然后单击"格式"菜单中的"样式";

(3) 单击"合并";

(4) 在"合并样式"框中,双击其中包含要复制的样式的工作簿。

习题 11

1. 在 Excel 中根据自己的需要建立自定义的工具栏。

2. 如何正确的在 Excel 表格中输入不同类型的数据? Excel 的单元格中允许填写的数据格式有哪些种类?

3. "单元格格式"对话框中有哪六个选项卡?

4. 设置表格的格式(比如字体、边框线、填充色等等)有哪些方法? 如何灵活运用"自动套用格式"的功能? 如何利用"条件格式"?

5. 熟练掌握一些自动功能,如选择性粘贴、记忆式键入、选择列表等。

6. 给单元格或单元格区域命名有何意义?

7. 如何在表格中对单元格、行、列进行插入和删除?

8. 了解 Excel 中"样式"的基本应用方法,对比 Word 中"样式和格式"的使用方法,想想这两者之间的异同。

实验 12　Excel 中的计算处理

实验目的

- 掌握简单计算及在公式中使用常用函数
- 掌握对表格的数据排序
- 掌握根据需要进行自动筛选
- 掌握分类汇总

相关知识

- 常用函数
- 排序以及多关键字排序
- 自动筛选
- 分类汇总

实验内容

【任务1】　简单的计算

操作1　简单计算：下面有张未完成的电子表格（如图 12-1），请计算其中酒的金额（＝单价＊数量）。按下列步骤完成：

	A	B	C	D
1	产品名称	单价（元）	数量（瓶）	金额（元）
2	雪花	3.7	10	
3	青岛	4.3	14	
4	蓝带	4.5	5	
5	一品天柱	5	20	
6	合计			

图 12-1　啤酒销售记帐表

（1）先在 Excel 中建立一张相同的表，注意调整列宽！

（2）单元格 A6 与 B6 的合并：

① 选择二单元格；

② 按右键选择"设置单元格格式"；

③ 选择"对齐"选项卡；

④ 在"文本控制"下选择"合并单元格"复选框，并将"水平对齐"方式设置为"居中"；

⑤ 单击"确定"。

（3）然后于该单元格内输入"合计"两字（先在 A6 中输入文字再合并单元格亦可）；

（4）计算酒的金额（＝单价 * 数量）；

① 先计算"雪花"的金额：单击单元格 D2（即第 2 行第 4 列），输入等号"＝"；

② 单击其"单价"单元格 B2，或者手工输入"B2"；

③ 继续输入乘号" * "（注意，公式中的乘号其实是星号！）；

④ 单击其"数量"单元格 C2，或者手工输入"C2"；

⑤ 回车，即可看到结果。

（5）复制公式。下面的就不必再逐个输入公式，鼠标指向单元格 D2 的填充句柄，向下拖动经过区域 D3：D5，即可看到公式被复制了！

操作 2　求"数量"总和。

（1）单击单元格 C6；

（2）单击"常用工具栏"上的"自动求和"按钮 Σ ·，当看到出现公式确实是"＝SUM(C2：C5)"时，按回车。

操作 3　求"金额"的合计值。

（1）单击单元格 D6；

（2）单击"常用工具栏"上的"自动求和"按钮 Σ ·，当看到出现公式确实是"＝SUM(D2：D5)"时，按回车。

【任务 2】　使用函数

1. 创建简单公式

公式要以等号（＝）开始。例如，＝5＋2 * 3

操作 4　创建简单公式的方法：

（1）单击需输入公式的单元格；

（2）键入 ＝（等号）；

（3）输入公式内容，例如，"＝12 * 6＋82/4"；

（4）按 Enter 键。

公式也可以包括下列所有内容或其中之一：函数、引用、运算符和常量。注意，在公式中请使用英文标点和半角英文字母！所以在输入公式时，若不需要输入汉字最好关闭汉字输入法。

操作 5　创建一个包含函数的公式的步骤：

（1）单击需输入公式的单元格；

（2）若要使公式以函数开始，请单击编辑栏上的"插入函数"按钮 f_x；

（3）选定要使用的函数：

① 请在"搜索函数"框中输入对需要解决的问题的说明（例如，数值相加、返回 SUM 函数），或浏览"或选择类别"框的分类，从中选择所需类别；

② 在"选择函数"框中选择所需函数，例如，求和用 SUM，求平均值用 AVERAGE；

（4）输入参数。若要将单元格引用作为参数输入，可以直接手工输入，也可以用鼠标在表

格中选择,方法如下:

①请单击"压缩对话框"按钮(如图12-2)以暂时压缩该对话框(缩小后的对话框如图12-3);

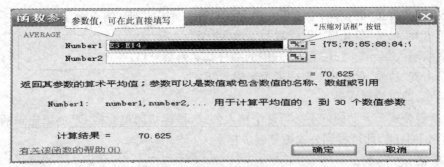

图12-2 "函数参数"对话框

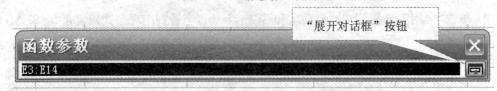

图12-3 缩小后的"函数参数"对话框

②在工作表上选择单元格;

③然后按"展开对话框"按钮(如图12-3);

说明 参数是函数中用来执行操作或计算的值。参数的类型与函数有关。函数中常用的参数类型包括数字、文本、单元格引用和名称。

(5)完成输入公式后,请按 Enter 或单击"确定"按钮。

2. 单元格引用包括绝对引用和相对引用

绝对单元格引用:公式中单元格的精确地址,与包含公式的单元格的位置无关。绝对引用采用的形式为 A1。

相对单元格引用:在公式中,基于包含公式的单元格与被引用的单元格之间的相对位置的单元格地址。如果复制公式,相对引用将自动调整。相对引用采用 A1 样式。

也有的引用是绝对引用和相对引用结合的! 下面是四种不同引用:

A1(绝对列和绝对行)　　　　A$1(相对列和绝对行)

$A1(绝对列和相对行)　　　　A1(相对列和相对行)

操作 6 相对引用。先建立下表(如图12-4),然后计算表中的图书金额。

(1)单击单元格 D3(如图12-4);

(2)输入公式"=B3＊C3"(即"零售单价＊数量")并回车;

(3)鼠标指向单元格 D3 的填充句柄,并向下拖动经过单元格 D4:D10,直到其余的图书金额都填满。

提示 完成后单击其他图书的金额,看看公式有何变化? 体会一下相对引用的意义。

操作 7 绝对引用。下表为某商店"洽洽原味香瓜子"的一周销售情况,假定工作表已建立好

	A	B	C	D
1	某书店图书日销售统计表			
2	书名	零售单价	数量	金额
3	隐身大亨本·拉登	20	5	
4	基因传奇	30	6	
5	精神现象学	29	4	
6	惊人的假说	25	3	
7	时光倒流一万年	24	2	
8	未来时速	50	7	
9	算法导论：第二版　（影印版）	68	1	
10	数据库处理——基础、设计与实现（第七版）	49	2	

图 12-4　某书店图书日销售统计表

了，请计算表中金额一栏。注意单价只在单元格 B2 中固定不变。

（1）单击单元格 D5（如图 12-5）；

	A	B	C	D
1	品名：	洽洽原味香瓜子285克		
2	单价：	￥5.00		
3				
4	营业员	销售日期	数量（包）	金额
5	张三	2005年6月6日	15	
6	王吕	2005年6月7日	53	
7	赵四	2005年6月8日	20	
8	张三	2005年6月9日	30	
9	赵四	2005年6月10日	40	
10	王吕	2005年6月11日	120	
11	张三	2005年6月12日	50	

图 12-5　洽洽原味香瓜子销售表

（2）输入公式"＝C5 * ＄B＄2"并回车。

注意　＄B＄2 就是对单元格 B2 中"￥5.00"的绝对引用，因为单价在此表中是唯一的。

注意　在移动公式时，公式内的单元格引用不会更改。当复制公式时，单元格引用将根据所用引用类型而变化。

　　例如，在单元格 A7 中有公式"＝SUM(A1：A6)"，将单元格 A7 移动到 B7 中时，公式不变，但将单元格 A7 复制到 B7 中时，公式自动变为"＝SUM(B1：B6)"。

3．常用公式示例

操作 8　计算"成绩表"（如图 12-6）中每位同学的总分。

	A	B	C	D	E	F	G	H
1	XXXX级X班成绩表						总人数	
2	姓名	高等数学	英语	计算机导论	C语言程序设计	数字逻辑	总分	平均分
3	易文若	89	70	80	75	39		
4	余朋	56	80	82	78	65		
5	李客	67	78	85	85	75		
6	金尽善	75	85	74	88	76		
7	李美燕	90	60	73	84	89		
8	吴小峰	88	50	71	90	92		
9	李保国	74	90	60	45	55		
10	李勇勇	68	96	68	20	66		
11	最高分							
12	最低分							

图 12-6　××××级×班成绩表

（1）建立一个如图 12-6 所示的工作表；

（2）先计算第一个人的总分，单击单元格 G3，输入"＝SUM(B3：F3)"并回车，或者单击"自动求和"按钮；

（3）用鼠标向下拖动单元格 G3 的填充柄，直到最后一人总分填满。

操作9 计算上面成绩表中每位同学的平均分，不保留小数。

（1）先计算第一个人的平均分。单击单元格 H3，然后输入"＝AVERAGE(B3：F3)"并回车；

提示 当输入到公式的"("时，可用鼠标直接在表格中选取单元格区域 B3：F3 以代替手工输入参数。

（2）用鼠标向下拖动单元格 G3 的填充柄，直到最后一人平均分填满；

（3）选择单元格区域 H3：H10，单击工具栏上的"减少小数位数"按钮（按一次可减少一位小数）；

操作10 在上面成绩表中单元格 H1 中填写总人数：单击单元格 H1 并输入"＝COUNTA(A3：A10)"，得到结果 8。

说明 返回参数列表中非空值的单元格个数。利用函数 COUNTA 可以计算单元格区域或数组中包含数据的单元格个数。

操作11 在上面成绩表中计算每一列的最高分和最低分。

（1）计算最高分。

① 先计算第一门课高等数学的最高分。单击单元格 B11，然后输入"＝MAX(B3：B10)"并回车，得到结果 90；

② 向右拖动该单元格的填充柄，将公式填充到其他列。

（2）计算最低分。方法同上，只是函数名换成 MIN。

① 先计算第一门课高等数学的最低分。单击单元格 B11，然后输入"＝MIN(B3：B10)"并回车，得到结果 56；

② 向右拖动该单元格的填充柄，将公式填充到其他列。

操作12 计算工作表"年龄档案"（如图 12-7）中每个学生的"入学年龄"（C 列和 D 列已经设置为日期型，E 列已经设置为数值型且不保留小数）。

	A	B	C	D	E
1	年龄档案				
2	姓名	性别	出生日期	入学日期	入学年龄
3	易文若	男	1988年12月5日	2005年9月1日	
4	余朋	男	1984年5月5日	2005年9月2日	
5	李客	男	1987年6月4日	2005年9月3日	
6	金尽善	女	1986年10月1日	2005年9月4日	
7	李美燕	女	1985年7月4日	2005年9月5日	
8	吴小峰	男	1982年1月10日	2005年9月6日	
9	李保国	男	1986年2月5日	2005年9月7日	
10	李勇勇	男	1986年4月8日	2005年9月8日	

图 12-7 年龄档案表

（1）单击单元格 E3（如图 12-7），输入"＝YEAR(D3)－YEAR(C3)"并回车，

提示　公式的意思是取出两个日期的年份相减则可得年龄;

（2）向下拖动该单元格的填充柄,将公式填充到其余的单元格。

说明　常用的日期函数有:Date,Year,Month,Day,Today,其格式及功能可在 Excel 帮助中输入关键字"常用公式示例"或"函数"等查询。

操作13　假设计算机考试分为笔试和上机两场(如图 12-8),两场考试成绩都要≥60 分才算合格,凡笔试和上机均≥60 的,在"成绩"中填写"合格"字样,凡笔试和上机有一门低于 60 分的,在"成绩"中填写"不合格"字样。

	A	B	C	D
1	计算机考试成绩表			
2	姓名	笔试	上机	成绩
3	易文若	89	80	
4	余朋	56	40	
5	李客	67	70	
6	金尽善	75	90	
7	李美燕	90	80	
8	吴小峰	88	70	
9	李保国	74	40	
10	李勇勇	55	65	

图 12-8　计算机考试成绩表

说明　此题用到的函数有:if,and,相关函数还有 or,not 等,其格式及功能可在 Excel 帮助中输入关键字"常用公式示例"或"函数"等查询。其中 and 表示括号中的两个条件要同时成立,注意公式中的大于等于号要写成"＞＝"。

（1）先计算第一个人,单击单元格 D3(如图 12-8);

（2）输入"＝IF(AND(B3＞＝60,C3＞＝60),"合格","不合格")"并回车;

（3）向下拖动该单元格的填充柄,将公式填充到其余的单元格。结果如图 12-9。

	A	B	C	D
1	计算机考试成绩表			
2	姓名	笔试	上机	成绩
3	易文若	89	80	合格
4	余朋	56	40	不合格
5	李客	67	70	合格
6	金尽善	75	90	合格
7	李美燕	90	80	合格
8	吴小峰	88	70	合格
9	李保国	74	40	不合格
10	李勇勇	55	65	不合格

图 12-9　公式使用 if 函数计算的结果

【任务3】　数据的排序

有关默认排序次序的说明:

在按升序排序时,Microsoft Excel 使用如下次序(在按降序排序时,除了空白单元格总是在最后外,其他的排序次序反转):

* 数字:

数字从最小的负数到最大的正数进行排序。

* 按字母先后顺序排序：

在按字母先后顺序对文本项进行排序时，Excel 从左到右一个字符一个字符地进行排序。例如，如果一个单元格中含有文"A100"，则这个单元格将排在含有"A1"的单元格的后面，含有"A11"的单元格的前面。

* 文本以及包含数字的文本，按下列次序排序：

0 1 2 3 4 5 6 7 8 9（空格）! " # $ % & ( ) * , . / : ; ? @ [\ ] ^ _ ` { | } ～ + <
= > A B C D E F G H I J K L M N O P Q R S T U V W X Y Z

撇号（'）和连字符（一）会被忽略。但例外情况是：如果两个文本字符串除了连字符不同外其余都相同，则带连字符的文本排在后面。

* 逻辑值：在逻辑值中，FALSE 排在 TRUE 之前。

* 错误值：所有错误值的优先级相同。

* 空格：空格始终排在最后。

操作14 对成绩表按"总分"降序排序。

（1）建立如下成绩表（如图 12-10）；

	A	B	C	D	E	F
1	成绩表					
2	学号	姓名	课程1	课程2	课程3	总分
3	2005012001	易文若	89	70	80	239
4	2005012002	余朋	56	80	82	218
5	2005012003	李客	67	78	85	230
6	2005012004	金尽善	75	85	74	234
7	2005012005	李美燕	70	60	73	203
8	2005012006	吴小峰	70	50	71	191
9	2005012007	李保国	74	90	60	224
10	2005012008	李勇勇	68	96	68	232

图 12-10　需排序的成绩表

（2）选择需要排序的区域（A2:F10），或者单击其中任一单元格；

（3）在"数据"菜单上，单击"排序"，则出现"排序"对话框（如图 12-11）；

图 12-11　"排序"对话框

(4) 在“主要关键字”单击需要排序的列“总分”，并选择“降序”；

(5) 在“我的数据区域”下选择“有标题行”；如有需要请单击“选项”按钮，设置所需的其他排序选项；

(6) 单击“确定”。

练习　对该成绩表按“姓名”升序排序。

操作 15　对成绩表进行多关键字排序。先按“课程 1”降序，若其值相同再按“课程 2”降序，若其值相同再按“课程 3”降序。

(1) 打开前面操作 14（图 12-10）中建立的成绩表；

(2) 选择需要排序的区域(A2:F10)，或者单击其中任一单元格；

(3) 在“数据”菜单上，单击“排序”；

(4) 设置关键字：

① 在“主要关键字”单击需要排序的列“课程 1”，并选择“降序”；

② 在“次要关键字”单击需要排序的列“课程 2”，并选择“降序”；

③ 在“第三关键字”单击需要排序的列“课程 3”，并选择“降序”；

(5) 在“我的数据区域”下选择“有标题行”；

(6) 选中所需的其他排序“选项”；

(7) 单击“确定”。

【任务 4】　自动筛选

建立自动筛选可以使我们更快地找到那些符合条件的记录，把它们从一大堆记录中按指定的条件“筛选”出来，还可以单独地复制到别处。

操作 16　将计算机考试“不合格”的学生记录筛选出来。

(1) 打开前面建立的“计算机考试成绩表”(如图 12-12)；

(2) 单击需要筛选的区域(A2:D10)的任一单元格；

(3) 选择菜单“数据”→“筛选”→“自动筛选”(结果如图 12-13)，

提示　要取消自动筛选，就再选择菜单“数据”→“筛选”→“自动筛选”；

	A	B	C	D
1	计算机考试成绩表			
2	姓名	笔试	上机	成绩
3	易文若	89	80	合格
4	余朋	56	40	不合格
5	李客	67	70	合格
6	金尽善	75	90	合格
7	李美燕	90	80	合格
8	吴小峰	88	70	合格
9	李保国	74	40	不合格
10	李勇勇	55	65	不合格

图 12-12　建立筛选前

	A	B	C	D
1	计算机考试成绩表			
2	姓名▼	笔试▼	上机▼	成绩▼
3	易文若	89	80	合格
4	余朋	56	40	不合格
5	李客	67	70	合格
6	金尽善	75	90	合格
7	李美燕	90	80	合格
8	吴小峰	88	70	合格
9	李保国	74	40	不合格
10	李勇勇	55	65	不合格

图 12-13　建立筛选后

(4) 筛选区域中每个列标签的右侧都有自动筛选箭头，单击“成绩”右边的自动筛选箭头，并在下拉列表中选择数据“不合格”作为筛选条件(如图 12-14)，结果如图 12-15。

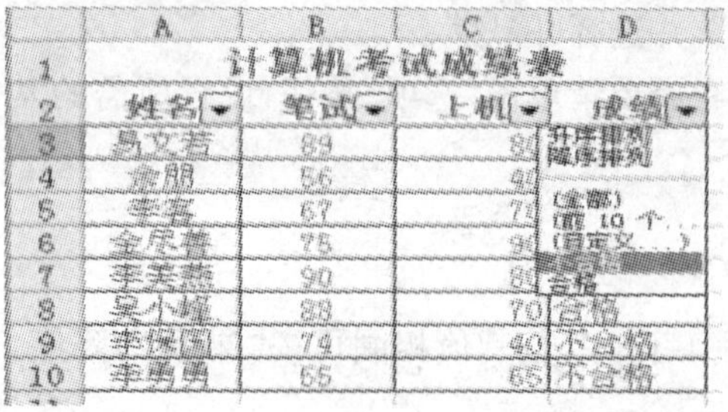

	A	B	C	D
1	计算机考试成绩表			
2	姓名	笔试	上机	成绩
3	易文若	89	80	
4	余朋	56	40	
5	李客	67	70	
6	金尽普	75	90	
7	李美燕	90	80	
8	吴小峰	88	70	合格
9	李保国	74	40	不合格
10	李勇勇	55	65	不合格

图 12-14　选择“成绩”“不合格”作为筛选条件

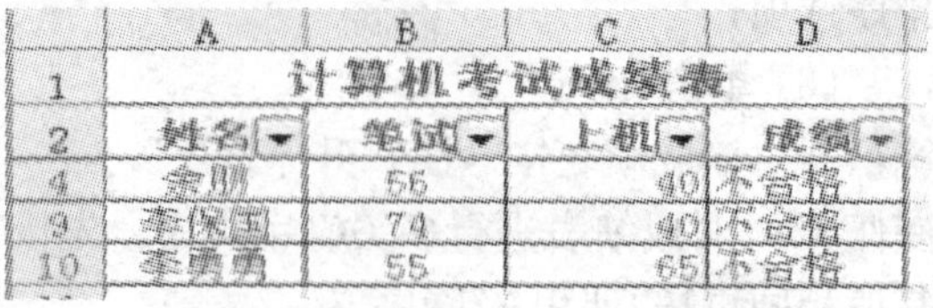

	A	B	C	D
1	计算机考试成绩表			
2	姓名	笔试	上机	成绩
4	余朋	56	40	不合格
9	李保国	74	40	不合格
10	李勇勇	55	65	不合格

图 12-15　筛选“成绩”“不合格”的结果

【任务 5】　分类汇总

分类汇总时一定要注意的是，应当先按分类关键字排序，比如按职称分类就要先按职称排序。下面我们以商品的销售表为例，按商品名称分类汇总，同名的商品其销售数量累加在一起。

操作 17　分别统计销售表中每种的商品的销售总数量。

(1) 建立如下销售表(如图 12-16)；

(2) 因为要按“商品名称”这个字段分类汇总，所以要先以“商品名称”作为关键字排序，请按“商品名称”的升序排序，结果如图 12-17；

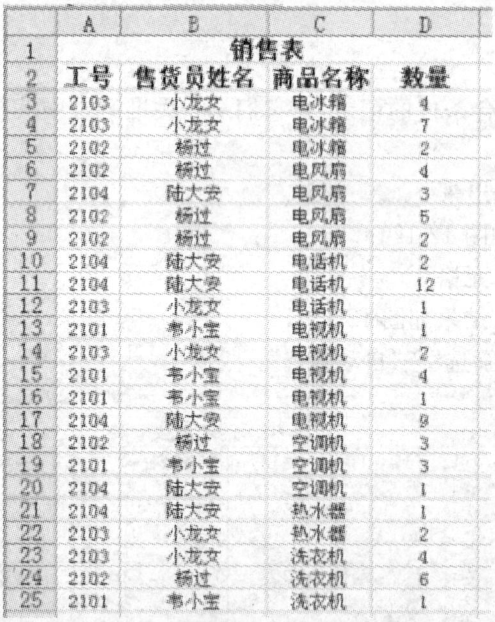

	A	B	C	D
1	销售表			
2	工号	售货员姓名	商品名称	数量
3	2103	小龙女	电冰箱	4
4	2103	小龙女	电冰箱	7
5	2102	杨过	电冰箱	2
6	2102	杨过	电风扇	4
7	2104	陆大安	电风扇	3
8	2102	杨过	电风扇	5
9	2102	杨过	电风扇	2
10	2104	陆大安	电话机	2
11	2104	陆大安	电话机	12
12	2103	小龙女	电话机	1
13	2101	韦小宝	电视机	1
14	2103	小龙女	电视机	2
15	2101	韦小宝	电视机	4
16	2101	韦小宝	电视机	1
17	2104	陆大安	电视机	9
18	2102	杨过	空调机	3
19	2101	韦小宝	空调机	3
20	2104	陆大安	空调机	1
21	2104	陆大安	热水器	1
22	2103	小龙女	热水器	2
23	2103	小龙女	洗衣机	4
24	2102	杨过	洗衣机	6
25	2101	韦小宝	洗衣机	1

图 12-16　排序前的销售表

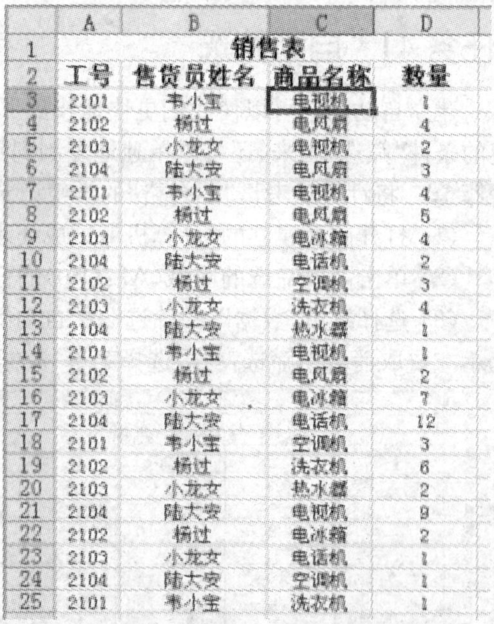

	A	B	C	D
1	销售表			
2	工号	售货员姓名	商品名称	数量
3	2101	韦小宝	电视机	1
4	2102	杨过	电风扇	4
5	2103	小龙女	电视机	2
6	2104	陆大安	电风扇	3
7	2101	韦小宝	电视机	4
8	2102	杨过	电风扇	5
9	2103	小龙女	电冰箱	4
10	2104	陆大安	电话机	2
11	2102	杨过	空调机	3
12	2103	小龙女	洗衣机	4
13	2104	陆大安	热水器	1
14	2101	韦小宝	电视机	1
15	2102	杨过	电风扇	2
16	2103	小龙女	电冰箱	7
17	2104	陆大安	电话机	12
18	2101	韦小宝	空调机	3
19	2102	杨过	洗衣机	6
20	2103	小龙女	热水器	2
21	2104	陆大安	电视机	9
22	2102	杨过	电冰箱	2
23	2103	小龙女	电话机	1
24	2104	陆大安	空调机	1
25	2101	韦小宝	洗衣机	1

图 12-17　排序后的销售表

(3) 单击表格要汇总区域的单元格，选择菜单“数据”→“分类汇总”；

(4) 在“分类字段”下选择“商品名称”，并同时确定对话框中“汇总方式”为“求和”、“选定汇总项”为“数量”(如图 12-18)；

(5) 单击“确定”，其结果如图 12-19；

(6) 单击左上角的分级显示符号 1 2 3 ，以及左侧的 − 和 + ，可创建汇总报

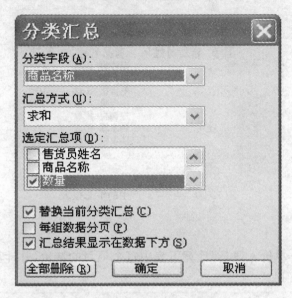

图 12-18　"分类汇总"对话框

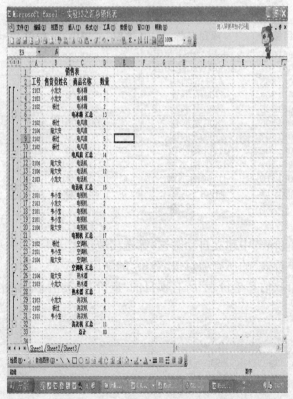

图 12-19　"分类汇总"的结果

表，这样可以隐藏明细数据，而只显示汇总，例如单击"2"结果如图 12-20。

	A	B	C	D
			销售表	
2	工号	售货员姓名	商品名称	数量
6			电冰箱 汇总	13
11			电风扇 汇总	14
15			电话机 汇总	15
21			电视机 汇总	17
25			空调机 汇总	7
28			热水器 汇总	3
32			洗衣机 汇总	11
33			总计	80
34				

图 12-20　点击"2"产生的汇总报表

习题 12

1. 用公式"造价＝单价 * 数量"计算下表中每个项目的造价,并计算所有项目的造价的"合计"值填入单元格 F14。

	A	B	C	D	E	F
1		市政估算单价表				
2	项目编号	项目名称	类别	单价	数量	造价
3	20061301	22cm厚C30砼面层	A	130.00	3500	
4	20061302	18cm厚C30砼面层	A	90.00	1300	
5	20061303	人行道结构	B	55.00	1000	
6	20061304	d500雨水管	C	350.00	113	
7	20061305	d600雨水管	C	450.00	125	
8	20061306	d800雨水管	C	600.00	400	
9	20061307	d900雨水管	C	700.00	300	
10	20061308	d1000雨水管	C	800.00	520	
11	20061309	d1200雨水管	C	1000.00	320	
12	20061310	d1500雨水管	C	1250.00	230	
13	20061311	d400污水管	D	350.00	500	
14		合 计				

2. 在"市政估算单价表"中建立自动筛选,筛选出造价大于等于 20 万的项目。

3. 对"市政估算单价表"的所有项目按"造价"的降序排序。

4. 按"类别"对"市政估算单价表"所有项目的"造价"分类汇总,即对类别相同的项目造价求和。

实验 13　Excel 中插入图表及其他操作

实验目的

- 能根据工作表的数据以及实际需要建立合适的图表
- 能正确地处理页眉和页脚
- 能进行页面设置和打印，并能通过预览来观察效果
- 能在查看较大较长的表格时利用窗格的拆分和冻结
- 能根据需要设置 Excel 的选项

相关知识

- 图表
- 页面设置和打印
- 窗格的拆分和冻结
- 了解选项对话框所包含的各项设置

实验内容

【任务 1】　插入图表

图表中数据来源于工作表，它可以随工作表中的数据变化动态地改变，以及时反映数据变化，是我们进行数据分析的好帮手，非常地直观、形象。

操作 1　为"季度销售额统计表"（如图 13-1）建立统计图表。

	A	B	C	D	E	F	G
1	小小零售店2004年雇员季度销售额统计表						
2	工号	姓名	一季度	二季度	三季度	四季度	总计
3	2101	韦小宝	6540	5200	5800	5540	23080
4	2102	杨过	4800	5476	3500	4000	17776
5	2103	小龙女	3636	6540	4960	4300	19456
6	2104	陆大安	5452	6400	2600	3900	18352
7	合计		20448	23616	16860	17740	78664

图 13-1　需要建立图表的电子表格

（1）先建立如下的"季度销售额统计表"；
（2）选择需要建立图表的单元格区域，比如 B2：F6；

（3）单击工具栏上的"图表向导"按钮 🏛 ，或者选择菜单"插入"→"图表"；

（4）在"图表类型"对话框中选择适当的图表类型，比如本操作中的表选择"柱形图"，单击"下一步"；

（5）在"图表源数据"对话框中根据需要修改"系列"或"数据区域"，再单击"下一步"；

（6）在"图表选项"对话框中填写图表标题"2004 年的季度销售统计"，并根据在前面步骤5 中选定的"系列产生在"的值（行或列）分别填写 X 轴和 Y 轴的标题（填写时可参照对话框中的预览图示），再单击"下一步"；

（7）在"图表位置"对话框中选择图表位置，然后单击"完成"；

（8）调整图表的位置和大小（类似于图片的大小和位置调整）；

（9）修正图表中不合适之处：双击图表中任何不满意的对象（如文字、底纹、标题、坐标轴上的刻度）进行修改，当然，修改时也可以打开"图表工具栏"充分利用。

【任务 2】 处理页眉和页脚

操作 2 添加页眉或页脚

（1）单击相应的工作表；

（2）在"视图"菜单上，单击"页眉和页脚"；

（3）在"页眉"或"页脚"框中，选择所需的页眉或页脚选项；

（4）单击"确定"。

操作 3 创建自定义页眉和页脚。

每张工作表上只能设置一种自定义页眉和页脚。如果创建了新的自定义页眉或页脚，它将替换工作表上的其他自定义页眉和页脚。要注意是否有足够的页眉或页脚的边距空间放置自定义页眉或页脚，结合页面设置时所设置的上下边距的大小，合理控制页面上下空白处的空间。

（1）单击相应的工作表；

（2）在"视图"菜单上，单击"页眉和页脚"；

（3）若要根据已有的页眉或页脚来创建自定义页眉或页脚，请在"页眉"或"页脚"框中单击所需的页眉或页脚选项；

（4）单击"自定义页眉"或"自定义页脚"；

（5）单击"左"、"中"或"右"编辑框，再单击相应的按钮，然后在所需的位置插入相应的页眉或页脚内容；

（6）请执行下列一项或多项操作：

① 若要在页眉或页脚中添加其他文本，请在"左"、"中"或"右"编辑框中输入相应的文本；

② 若要在某一位置另起一行，请按 Enter 键；

③ 若要删除某一部分的页眉或页脚，请选中需要删除的内容，然后按 Backspace 键。

【任务 3】 页面设置和打印、预览

1. 页 面 设 置

操作 4 页面设置。

　(1) 选择要打印的一个或多个工作表;

　(2) 在"文件"菜单上,单击"页面设置";

　(3) 单击其中的"页边距"选项卡,执行以下操作:

　① 设置页边距:在"上"、"下"、"左"和"右"框中设置或直接键入所需的页边距大小;

　② 设置页眉或页脚的页边距:

　a. 若要更改页眉和页顶端之间的距离,请在"页眉"编辑框中输入新的边距数值;

　b. 若要更改页脚和页底端之间的距离,请在"页脚"编辑框中输入新的边距数值;

　c. 这些设置值应该小于工作表中所设置的上、下边距值,并且大于或等于最小打印边距值;

　(4) 再单击其中的"页面"选项卡,在"方向"标题下,单击"纵向"或"横向"选项;

　(5) 单击"页眉\页脚"选项卡可修改设置页眉和页脚;

　(6) 单击"确定"或"打印"。

2. 打印预览

操作5　打印前预览页面

　(1) 在"文件"菜单上,单击"打印预览";

　(2) 使用工具栏上的按钮查看页面或在打印前进行调整。

3. 打印

操作6　一次打印多张工作表

　(1) 选定要打印的工作表;

　(2) 在"文件"菜单上,单击"打印"。

操作7　每一页上都打印行列标题或行列标志。

　(1) 行标题为工作表左侧的数字;列标题为工作表顶端的字母或数字;

　(2) 单击相应的工作表;

　(3) 在"文件"菜单上,单击"页面设置",再单击"工作表"选项卡。请执行下列操作之一:

　① 打印行列标题:选中"行号列标"复选框,然后单击"打印";

　② 在每一页上都打印行列标志:

　a. 若要在每一页上打印列标志,请在"打印标题"下的"顶端标题行"框中,输入列标志所在行的行号,然后单击"打印";

　b. 若要在每一页上打印行标志,可在"打印标题"下的"左端标题列"框中,输入行标志所在列的列标,然后单击"打印"。

【任务4】　窗格的拆分与冻结

1. 拆分窗格

　　什么时候需要拆分窗格? 当想同时浏览工作表的各个部分时,如果表格太长太宽,浏览起来就会"见首不见尾或者见尾不见首",这时可以拆分窗格。Excel 可以把窗格拆分为四个部分,这样我们就可以同时浏览工作表的多个部分了!

操作8　拆分窗格。选择菜单"窗口"→"拆分"即可,注意,可用鼠标拖动分割条来调整各个部分窗口的大小。

操作9　双击分割条可以取消拆分。

2. 冻结窗格

为何要冻结窗格?冻结窗格可以选择滚动工作表时始终保持可见的数据。在滚动时保持行和列标志可见。也就是说,当表格太长,填表填到最后就看不到顶端的列标题了,很容易填到错误的那一列,同样,如果一张工资表格列数很多(太宽),当填到最右边一列时,看不到最左边的"姓名"一列,就可能填岔行,把张三的工资填到李四那一行! 被冻结的行或列就不会随滚屏而滚动了。

操作10　若要冻结窗格,请执行下列操作之一:

(1) 决定冻结的部分;

① 要冻结顶部水平窗格,请选择待拆分处的下一行;

② 要冻结左侧垂直窗格,请选择待拆分处的右边一列;

③ 要同时生成顶部和左侧窗格,请单击待拆分处右下方的单元格;

(2) 在"窗口"菜单上,单击"冻结窗格"。

操作11　删除"冻结"窗格,可单击"窗口"菜单中的"取消冻结窗格"。

【任务5】 Excel 的选项操作

在 Excel 中有一些常用的设置可以在选项对话框中设置,比如网格线的颜色、默认字体、新工作簿中默认的工作表数量、安全性设置、还有前面介绍过的自定义序列等等。下面介绍一些常用的设置。

操作12　设置网格线颜色。

(1) 在"工具"菜单上,单击"选项",再单击"视图"选项卡(如图 13-2);

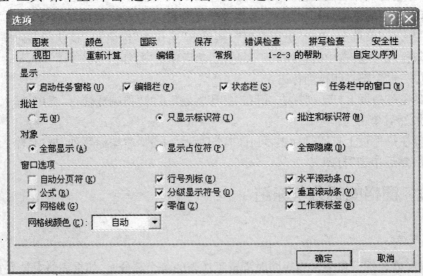

图 13-2　"选项"对话框"视图"选项卡

（2）在"窗口选项"之下，选择复选框"网格线"，在"网格线颜色"列表框中设置所需的颜色；

（3）如果采用默认网格线颜色，请单击"自动"选项；

（4）要隐藏网格线，请清除"窗口选项"中的"网格线"复选框；

（5）要显示或隐藏"编辑栏"，请在"显示"下选择复选框"编辑栏"；

（6）要显示或隐藏"状态栏"，请在"显示"下选择复选框"状态栏"；

（7）要想令批注和标识符直接显示出来，而不仅仅是只显示批注的标识符，请在"批注"下选择"批注和显示符"，

提示　要给单元格数据添加批注，请先选择该单元格，再选择菜单"插入"→"批注"，然后在弹出的小框内输入批注内容即可。

（8）若要在单元格中显示零值（0），则选定"零值"复选框，若要将含有零值的单元格显示成空白单元格，则清除该复选框；

（9）设置完毕请单击"确定"按钮。

操作 13　设置在单元格输入数据后按回车键时光标移动的方向。

（1）在"工具"菜单上，单击"选项"，再单击"编辑"选项卡（如图 13-3）；

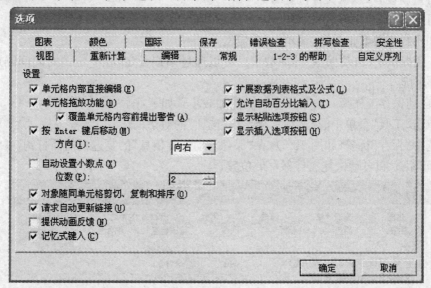

图 13-3　"选项"对话框"编辑"选项卡

（2）选择"按 Enter 键后移动方向"复选框，并在其右侧的文本框中选择一个所需的方向；

（3）还可以选择或清除"记忆式键入"复选框；

（4）如不再进行其他设置，请单击"确定"按钮。

操作 14　更改新工作簿的工作表数量。

（1）在"工具"菜单上，单击"选项"，再单击"常规"选项卡（如图 13-4）；

（2）创建新工作簿时，在"新工作簿内的工作表数"框中，输入在创建新工作簿时要添加的默认工作表数；

（3）可选择"最近使用的文件列表"复选框并在右侧输入新的数值；

（4）可在"标准字体"栏设置工作簿中的默认字体和大小；

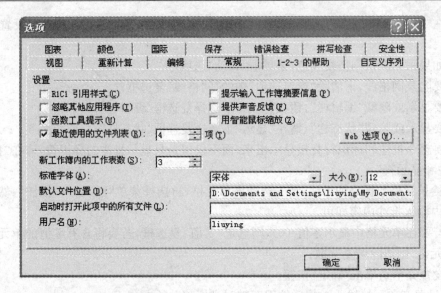

图 13-4 "选项"对话框"常规"选项卡

(5) 可重新设置"默认文件位置";

(6) 可重新指定"用户名";

(7) 如不再需要其他设置,请单击"确定"。

Excel 还提供了"自动保存"的加载宏。可以通过用户设定,在一定的时间间隔后自动保存工作簿的内容。

操作 15 自动保存工作簿。自动保存的功能加载步骤如下:

(1) 单击"工具"菜单中的"选项",会出现"选项"的对话框;

(2) 选中"保存"标签(如图 13-5),在"保存自动恢复信息"的复选框前面打钩,并设定自动保存的时间间隔,和自动恢复文件保存的位置;

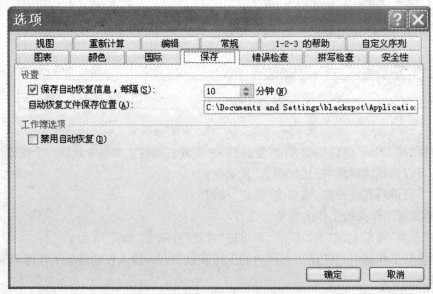

图 13-5 "选项"对话框"保存"选项卡

（3）单击"确定"完成操作。

操作 16　安全性设置。

（1）在"工具"菜单上，单击"选项"，再单击"安全性"选项卡（如图 13-6）；

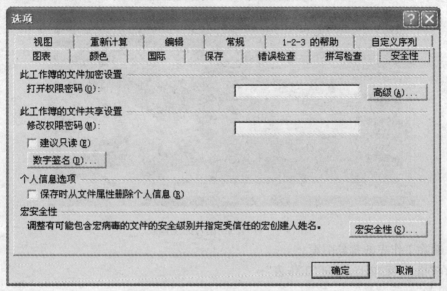

图 13-6　"选项"对话框"安全性"选项卡

（2）根据需要进行设置，与 Word 的安全性设置类似，略；

（3）单击"确定"完成操作。

Excel 2002 新增了一项非常有用的功能，就是可以给工作表标签添加颜色来方便用户组织工作。

操作 17　设置彩色标签。方法是：

（1）选中要添加颜色的工作表名称标签；

（2）单击"格式"菜单中的"工作表"子菜单，选择"工作表标签颜色"选项。或者通过快捷菜单，选择"工作表标签颜色"；

（3）在随后弹出的对话框中选择合适的颜色，来改变工作表标签的颜色（如图 13-7），单击"确定"完成；

图 13-7　"选项"对话框"安全性"选项卡

还可以为工作表设置背景。方法与设置 Word 文档的背景差不多。

操作 18　添加或删除工作表的背景图案：

（1）单击想要添加或删除背景图案的工作表。请确认只选中了一个工作表；

（2）在"格式"菜单上，指向"工作表"，再单击"背景"；

（3）选择背景图案要使用的图形文件；

（4）所选图形将填入工作表中，对包含数据的单元格可以使用纯色背景来加以区分（如图

13-8)。

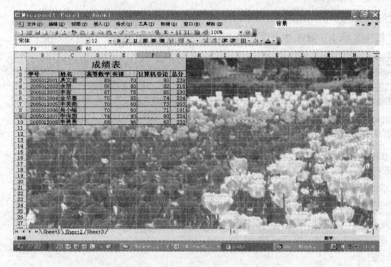

图 13-8　有"背景"图片的工作表

操作 19　删除工作表的背景图案。

（1）在"格式"菜单上，指向"工作表"；

（2）单击"删除背景"。

注释　背景图案不能打印，并且不会保留在保存为网页的单个工作表或项目中。然而，如果将整个工作簿发布为网页，则背景将保留。

有时在输入数据时难免出错，如果对要输入的数据有个限制，一旦出错马上报警，工作的出错率将大大降低！要做到这一点并不难，只要对单元格进行有效性设置即可。举个简单的例子：假设有张成绩表，某列填写是学生的分数，规定只能填写范围是[0,100]的整数。

操作 20　输入的有效性设置，限制输入数据为[0,100]的整数。

（1）选定要限制其数据有效性范围的单元格；

（2）在"数据"菜单上，单击"有效性"命令，再单击"设置"选项卡（如图 13-9）；

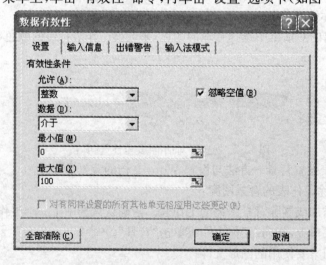

图 13-9　"数据有效性"对话框

(3) 请在"允许"框中,单击"整数";

(4) 在"数据"框中,单击所需的限制类型。例如,选择"介于";

(5) 在不同文本框中输入允许的"最小值"(如 0)、"最大值"(如 100);

(6) 单击"确定"。

以后只能在被设置的区域输入 0 至 100 之间的整数! 这是对数值的范围的限制,除此以外,可以限制的类型还有:有序列的数值、日期或时间有范围限制、文本为指定长度、计算基于其他单元格内容的有效性数据、使用公式计算有效性数据、甚至指定单元格是否可为空白单元格。而且将数据有效性应用于单元格并不影响单元格的格式。

实验 14　综合练习

单项选择题

1. 计算机系统由_____组成。
   A. 主机和系统软件
   B. 硬件系统和软件系统
   C. 硬件系统和应用软件
   D. 微处理器和软件系统

2. 计算机的微处理芯片上集成有_____两大部件。
   A. CPU 和运算器
   B. 运算器和 I/O 接口
   C. 控制器和运算器
   D. 控制器和存储器

3. 第三代计算机主要是采用_____作为逻辑开关元件。
   A. 电子管
   B. 晶体管
   C. 大规模集成电路
   D. 中小规模集成电路

4. 在计算机内部,数据处理和传递的形式是_____。
   A. ABCII 码
   B. BCD 码
   C. 二进制
   D. 十六进制

5. 下面的数值中,_____肯定是十六进制数。
   A. 1011
   B. DDF
   C. 74
   D. 125

6. 字符的 ASCII 编码在机器中的表示方法准确的描述应是_____
   A. 使用 8 位二进制代码,最右边一个为 1
   B. 使用 8 位二进制代码,最左边一个为 0
   C. 使用 8 位二进制代码,最右边一个为 0
   D. 使用 8 位二进制代码,最左边一个为 1

7. 将十进制的整数化为 N 进制整数的方法是_____。
   A. 乘 N 取整法
   B. 除 N 取整法
   C. 乘 N 取余法
   D. 除 N 取余法

8. 在微型计算机的汉字系统中,一个汉字的内码占_____字节。
   A. 1
   B. 2
   C. 3
   D. 4

9. 计算机中的所有信息以二进制数表示的主要理由是_____。
   A. 信息处理方便
   B. 运算速度快
   C. 节约元件
   D. 物理器件性能所致

10. 为了避免混淆,十六进制数在书写时常在后面加字母_____。
    A. H
    B. O
    C. D
    D. B

11. 通常说一台微机的内存容量为 128M,指的是_____。

A. 128M 位　　　　　　　　　　　　B. 128M 字节

C. 128M 字　　　　　　　　　　　　D. 128000K 字

12. 在微机的性能指标中,用户可用的内存容量通常是指_____。

　　A. RAM 的容量　　　　　　　　　B. ROM 的容量

　　C. RAM 和 ROM 的容量之和　　　　D. CD-ROM 的容量

13. 一台计算机字长是 4 个字节,表示_____。

　　A. 能处理的字符串最多由 4 个英文字母组成

　　B. 能处理的数值最大为 4 位十进制数 9999

　　C. 在 CPU 中作为一个整体加以传送的二进制数码为 32 位

　　D. 在 CPU 中运算的结果最大为 232

14. 配置高速缓冲存储器(Cache)是为了解决_____。

　　A. 内存与辅助存储器之间速度不匹配问题

　　B. CPU 与内存储器之间速度不匹配问题

　　C. CPU 与辅助存储器之间速度不匹配问题

　　D. 主机与外设之间速度不匹配问题

15. 内存与外存相比,其主要特点是_____。

　　A. 能存储大量信息　　　　　　　　B. 能长期保存信息

　　C. 存取速度快　　　　　　　　　　D. 能同时存储程序和数据

16. ROM 是指_____

　　A. 随机存储器　　　　　　　　　　B. 高速缓冲存储器

　　C. 顺序存储器　　　　　　　　　　D. 只读存储器

17. 在计算机领域中,所谓"裸机"是指_____。

　　A. 单片机　　　　　　　　　　　　B. 单板机

　　C. 没有安装任何软件的计算机　　　D. 只安装了操作系统的计算机

18. 计算机按人的要求进行工作,从计算机外部获取信息的设备称为_____设备。

　　A. 输出　　　　　　　　　　　　　B. 输入

　　C. 控制　　　　　　　　　　　　　D. 寄存

19. 微机系统采用总线结构对 CPU、存储器和外设进行连接,总线通常由_____分组成。

　　A. 数据总线、地址总线和控制总线　　B. 数据总线、信息总线和传输总线

　　C. 地址总线、运算总线和逻辑总线　　D. 逻辑总线、传输总线和通信总线

20. 在内存中,每个基本单位都被赋予一个唯一的序号,这个序号称为_____。

　　A. 地址　　　　　　　　　　　　　B. 编号

　　C. 容量　　　　　　　　　　　　　D. 字节

21. 计算机硬件系统中最核心的部件是_____。

　　A. 微处理器　　　　　　　　　　　B. 主存储器

　　C. 只读光盘　　　　　　　　　　　D. 输入输出设备

22. 一条指令的执行通常可分为取指、译码和_____三个阶段。

　　A. 编辑　　　　　　　　　　　　　B. 编译

　　C. 执行　　　　　　　　　　　　　D. 调试

23. 计算机软件包括_____。
    A. 算法及数据结构
    B. 程序和数据结构
    C. 程序、数据及相关文档
    D. 文档及数据

24. 计算机程序必须装入_____才能运行。
    A. 内存
    B. 软盘
    C. 硬盘
    D. 网络

25. 准确地说,计算机中文件是存储在_____。
    A. 内存中的数据集合
    B. 硬盘上的一组相关数据的集合
    C. 存储介质上的一组相关信息的集合
    D. 软盘上的一组相关数据集合

26. 将高级语言的源程序变为目标程序要经过_____。
    A. 汇编
    B. 解释
    C. 编辑
    D. 编译

27. 操作系统是计算机系统主要的_____软件之一,起着管理系统的作用。
    A. 应用
    B. 实用
    C. 系统
    D. 用户

28. 语言编译程序是属于_____。
    A. 系统软件
    B. 应用软件
    C. 操作系统
    D. 数据库管理系统

29. 一般操作系统的主要功能是_____。
    A. 管理源程序
    B. 管理数据库文件
    C. 控制和管理计算机系统的软硬件资源
    D. 对高级语言进行编译

30. 下列不属于计算机数据处理的应用是_____。
    A. 管理信息系统
    B. 实时控制
    C. 办公自动化
    D. 决策支持系统

31. 在 Windows 中,下列文件名中_____合法。
    A. AB∗.C
    B. 试卷一.A
    C. A<>.C
    D. A?.DOC

32. 在 Windows 中,可以使用桌面上的_____来浏览或查看系统提供的所有资源。
    A. 公文包
    B. 回收站
    C. 我的电脑
    D. 网上邻居

33. 鼠标器是 Windows 环境中的一种重要的_____工具。
    A. 画图
    B. 编辑
    C. 输入
    D. 输出

34. 在 Windows "资源管理器"窗口左侧,单击文件夹图标左侧的加号(+)后,上显示结果的变化是_____。
    A. 该文件夹的下级文件夹显示在窗口右侧
    B. 窗口左侧显示的该文件夹的下级文件夹消失
    C. 该文件夹的下级文件夹显示在窗口左侧
    D. 窗口右侧显示的该文件夹的下级文件夹消失

35. 在"任务栏"中的任何一个按钮都代表着_____。
    A. 一个可执行程序　　　　　　　　B. 一个正在执行的程序
    C. 一个缩小的程序窗口　　　　　　D. 一个不工作的程序窗口

36. 在 Windows XP"开始"菜单中的"搜索"命令中，_____通配符。
    A. 能使用"？"和"＊"　　　　　　　B. 不能使用"？"和"＊"
    C. 只能使用"？"　　　　　　　　　D. 只能使用"＊"

37. 在 Windows 中的"我的电脑"窗口中，若已选定硬盘上的文件或文件夹，并 Shift＞＋＜Delete＞键，并单击"确定"按钮，则该文件或文件夹将_____。
    A. 被删除并放入"回收站"　　　　　B. 不被删除也不放入"回收站"
    C. 直接被删除而不放入"回收站"　　D. 不被删除但放入"回收站"

38. 在 Windows 的"我的电脑"窗口中有"标准按钮"工具栏，其中"后退"按钮的作用是_____。
    A. 返回上一级文件夹　　　　　　　B. 返回前一窗口
    C. 返回 A 盘　　　　　　　　　　　D. 返回 C 盘

39. 在 Windows 的"我的电脑"窗口中有"标准按钮"工具栏，其中"向上"按钮的作用是_____。
    A. 返回上一级文件夹　　　　　　　B. 返回前一窗口
    C. 返回 A 盘　　　　　　　　　　　D. 返回 C 盘

40. 关闭一台正在运行 Windows 的计算机之前，应先_____。
    A. 关闭 Windows 系统　　　　　　 B. 关闭所有已打开的应用程序
    C. 断开与服务器的连接　　　　　　D. 直接关闭电源

41. 在 Windows 中，"捕获"当前打开的整个窗口的方法是按_____键。
    A. Print Screen　　　　　　　　　 B. Alt＋Print Screen
    C. Alt＋F4　　　　　　　　　　　　D. Ctrl＋Print Screen

42. 在 Windows 中复制整个桌面的内容可以通过按_____键来实现。
    A. Print Screen　　　　　　　　　 B. Alt＋Print Screen
    C. Alt＋F4　　　　　　　　　　　　D. Ctrl＋Print Screen

43. 利用"回收站"可恢复_____上被误删除的文件。
    A. 软盘　　　　　　　　　　　　　B. 硬盘
    C. 内存储器　　　　　　　　　　　D. 光盘

44. 在 Windows 中选用中文输入法后，可以按_____实现全角和半角的切换。
    A. Caps Lock 键　　　　　　　　　 B. Ctrl＋圆点键
    C. Shift＋空格键　　　　　　　　　D. Ctrl＋空格键

45. Word 定时自动保存功能的作用是_____。
    A. 定时自动地为用户保存文档，使用户可免盘之累
    B. 为用户保存备份文档，以供用户恢复备份时用
    C. 为防意外保存的文档，以供 Word 恢复文档时用
    D. 为防意外保存的文档备份，以供用户恢复文档时用

46. 在 Word 中执行"编辑"菜单里的"替换"命令，在"查找与替换"对话框内"查找内容"指定

了"查找内容",但在"替换为"框内未输入任何内容,此时单击"全部替换"命令,将_____。

A. 不能执行,显示错误

B. 只做查找,不做任何替换

C. 把所有查找到的内容全都删除

D. 每查找到一个,就询问用户,让用户指定替换成什么

47. Word 常用工具栏中的"格式刷"按钮可用于复制文本或段落的格式,若要将选文本或段落格式重复应用多次,应_____。

A. 单击"格式刷"按钮　　　　　　B. 双击"格式刷"按钮

C. 右击"格式刷"按钮　　　　　　D. 拖动"格式刷"按钮

48. 在 Word 中,最适合查看编辑、排版效果的视图是_____。

A. 联机版式视图　　　　　　　　B. 大纲视图

C. 普通视图　　　　　　　　　　D. 页面视图

49. 页码与页眉页脚的关系是_____。

A. 页眉页脚就是页码

B. 页码与页眉页脚分别设定,所以二者彼此毫无关系

C. 不设置页眉和页脚,就不能设置页码

D. 如果要求有页码,那么页码是页眉或页脚的一部分

50. 若想控制段落的第一行第一字的起始位置,应该调整_____。

A. 悬挂缩进　　　　　　　　　　B. 首行缩进

C. 左缩进　　　　　　　　　　　D. 右缩进

51. 在 Word 中,要将表格中一个单元格变成两个单元格,在选定该单元格后应执行格"菜单中的_____命令。

A. 删除单元格　　　　　　　　　B. 合并单元格

C. 拆分单元格　　　　　　　　　D. 绘制表格

52. 如果文档中某一段与其前后两段之间要求留有较大间隔,最好的解决方法是_____。

A. 在每两行之间用按回车键的办法添加空行

B. 在每两段之间用按回车键的办法添加空行

C. 通过段落格式设定来增加段距

D. 用字符格式设定来增加间距

53. 在 Word 的编辑状态,执行编辑菜单中"复制"命令后_____。

A. 被选择的内容被复制到插入点处

B. 被选择的内容被复制到剪贴板

C. 插入点所在的段落内容被复制到剪贴板

D. 光标所在的段落内容被复制到剪贴板

54. 调整段落左右边界以及首行缩进格式最方便、直观、快捷的方法是_____。

A. 使用菜单命令　　　　　　　　B. 使用常用工具栏

C. 使用标尺　　　　　　　　　　D. 使用格式工具栏

55. 在 Word"字号"中,用阿拉伯数字表示的字号越大,表示字符越_____。
    A. 大
    B. 小
    C. 不变
    D. 都不是

56. 为了将文档中的一段文字转换为表格,要求这些文字每行里的几部分_____。
    A. 必须用逗号分隔开
    B. 必须用空格分隔开
    C. 必须用制表符分隔开
    D. 可以用以上任意一种符号或其他符号分隔开

57. 在 Word 文档中,粘贴的内容_____。
    A. 只能粘贴文字
    B. 只能粘贴图形
    C. 只能粘贴表格
    D. 文字、图形、表格都可以粘贴

58. 在 Word 中,查找操作_____。
    A. 只能无格式查找
    B. 只能有格式查找
    C. 可以查找某些特殊的非打印字符
    D. 查找的内容不能夹带通配符

59. 在 Word 文档编辑区中,将鼠标光标放在某一字符处连续击三次左键,将选取该所在的_____。
    A. 一个词
    B. 一个句子
    C. 一行
    D. 一个段落

60. 在 Word 中区分自然段是根据_____。
    A. Enter(回车)键
    B. Shift+Enter 键
    C. Ctrl+Enter 键
    D. Alt+Enter 键

61. 在 Word 中文本与表格的转换_____。
    A. 只能将文本转换成表格
    B. 只能将表格转换成文本
    C. 无法进行
    D. 可以互相转换

62. 在保存 Excel 工作簿的操作过程中,默认的工作簿文件名是_____。
    A. Excel1. xls
    B. Book1. xls
    C. XL1. xls
    D. 文档 1. doc

63. 若要在一个单元格中输入数据,则该单元格必须是_____。
    A. 空的
    B. 行首单元格
    C. 活动单元格
    D. 提前定义好数据类型的单元格

64. 在 Excel 中,要同时选择多个不相邻的工作表,应先按下_____键,然后再单击所要选择的工作表。
    A. Shift
    B. Ctrl
    C. Alt
    D. Esc

65. 在一个单元格中输入文本时,通常是_____对齐。
    A. 左
    B. 右
    C. 居中
    D. 随机

66. 在 Excel 中,工作簿指的是_____。
    A. 数据库

B. 由若干类型的表格共存的单一电子表格

C. 图表

D. 在 Excel 中用来存储和处理数据的工作表的集合

67. 下列选项中,属于对"单元格"绝对引用的是_____。

    A. D4   B. &D&4

    C. $D4   D. D4

68. 在 Excel 中,每张工作表最多可以包含的行数是_____。

    A. 255 行   B. 1024 行

    C. 65536 行   D. 不限

69. 协议是通信双方为实现_____所作的约定或对话规则。

    A. 联网   B. 通信

    C. 数据传输   D. 协调工作

70. 下列四项内容中,不属于 Internet(因特网)基本功能是_____。

    A. 电子邮件   B. 文件传输

    C. 远程登录   D. 实时监测控制

71. 网络按通信范围分为_____。

    A. 局域网、以太网、广域网   B. 局域网、城域网、广域网

    C. 电缆网、城域网、广域网   D. 中继网、局域网、广域网

72. 利用网络交换文字信息的非交互式服务称为_____。

    A. E—mail   B. TELENT

    C. WWW   D. BBS

73. 下面 IP 地址中,正确的是_____。

    A. 202.9.1.12   B. CX.9.23.01

    C. 202.122.202.345.34   D. 202.156.33.D

74. Modem 的中文名称是_____。

    A. 计算机网络   B. 鼠标器

    C. 电话   D. 调制解调器

75. CHINANET 代表的是_____。

    A. 中国科学技术网   B. 中国教育科研网

    C. 中国公用信息网   D. 中国金桥网

76. 一个 IP 地址由几个互相分隔的数字组成_____。

    A. 1   B. 2

    C. 3   D. 4

77. LAN 被称为_____。

    A. 远程网   B. 中程网

    C. 近程网   D. 局域网

78. 调制解调器的作用是_____。

    A. 控制并协调计算机和电话网的连接

    B. 负责接通与电信局线路的连接

C. 将模拟信号转换成数字信号

D. 模拟信号与数字信号相互转换

79. 安装外置式 Modem 时,以下说法中正确的是_____。

A. 电话线接入计算机,计算机连接 Modem 和电话机

B. 电话线接入计算机,计算机连接 Modem,Modem 连接电话机

C. 电话线接入 Modem,Modem 连接计算机,计算机连接电话机

D. 电话线接入 Modem,Modem 连接计算机和电话机

80. 收发电子邮件的条件是_____。

A. 有自己的电子信箱

B. 双方都有电子信箱

C. 系统装有收发电子邮件的软件

D. 双方都有电子信箱且系统装有收发电子邮件的软件

81. 下面电子邮件地址写法正确的是_____。

A. wangwu♯public. sta. sh. cn   B. wangwu@public. sta. sh. cn

C. public. sta. sh. cn@wangwu   D. public. sta. sh. cn♯wangwu

82. 下列关于防火墙的叙述不正确的是_____。

A. 防火墙是硬件设备   B. 防火墙将企业内部网与其他网络隔开

C. 防火墙禁止非法数据进入   D. 防火墙增强了网络系统的安全性

83. 计算机通信中数据传输速率单位 bps 代表_____。

A. baud per second   B. bytes per second

C. bits per second   D. billion per second

84. 为网络数据交换而制定的规则、约定和标准称为_____。

A. 协议   B. 体系结构

C. 网络拓扑   D. 参考模型

85. Internet 中使用的协议主要是_____。

A. PPP   B. IPX/SPX 兼容协议

C. NetBEUI   D. TCP/IP

86. 电子邮件带有一个"别针",表示该邮件_____。

A. 设有优先级   B. 带有标记

C. 带有附件   D. 可以转发

87. FTP 指的是_____。

A. 用户数据协议   B. 简单邮件传输协议

C. 超文本传输协议   D. 文件传输协议

88. 在电子邮件地址中,符号@后面的部分是_____。

A. 用户名   B. 主机域名

C. IP 地址   D. 网络名

89. 所谓多媒体是指_____。

A. 多种表示和传播信息的载体   B. 各种信息的编码

C. 计算机的输入输出信息   D. 计算机屏幕显示的信息

90. 多媒体技术的特征是_____。
    A. 集成性、交互性和音像性　　　　B. 存储性、传输性、压缩与解压性
    C. 实时性、分时性和数字化性　　　D. 交互性、数字化性、实时性、集成性

91. 多媒体计算机系统的两大组成部分是_____。
    A. 多媒体功能卡和多媒体主机
    B. 多媒体通信软件和多媒体开发工具
    C. 多媒体输入设备和多媒体输出设备
    D. 多媒体计算机硬件系统和多媒体计算机软件系统

92. 触摸屏属于_____。
    A. 多媒体输出设备　　　　　　　　B. 多媒体输入设备
    C. 多媒体操作控制设备　　　　　　D. 非多媒体组成设备

93. 声卡的主要功能_____。
    A. 自动录音　　　　　　　　　　　B. 音频信号的输入输出接口
    C. 播放 VCD　　　　　　　　　　　D. 放映电视

94. 多媒体电脑的正确理解是_____。
    A. 装有 CD-ROM 光驱的电脑
    B. 专供家庭娱乐用的电脑
    C. 价格较贵的电脑,是联网的电脑
    D. 能综合处理文字、图形、影像与声音等信息的电脑

95. 下列设备中,_____是多媒体的必备部件。
    A. 扫描仪　　　　　　　　　　　　B. 声卡
    C. 网卡　　　　　　　　　　　　　D. 软驱

96. _____说法是错误的。
    A. 计算机病毒是一种程序　　　　　B. 计算机病毒具有潜伏性
    C. 计算机病毒可通过运行程序传染　D. 用一种杀毒软件能确保清除所有病毒

97. 计算机病毒的主要危害是_____。
    A. 损坏计算机硬盘　　　　　　　　B. 破坏计算机显示器
    C. 降低 CPU 主频　　　　　　　　　D. 破坏计算机软件和数据

98. "CIH"是一种计算机病毒,它主要是破坏_____,导致计算机系统瘫痪。
    A. CPU　　　　　　　　　　　　　　B. 软盘
    C. BOOT(程序)　　　　　　　　　　D. BIOS

99. 计算机病毒在运行时,可能迅速感染计算机硬盘或网络中的文件,这是其_____。
    A. 传染性　　　　　　　　　　　　B. 危害性
    C. 顽固性　　　　　　　　　　　　D. 潜伏性

100. 计算机病毒的特点可以归纳为_____。
    A. 破坏性、隐蔽性、传染性和可读性　B. 破坏性、隐蔽性、传染性和潜伏性
    C. 破坏性、隐蔽性、潜伏性和先进性　D. 破坏性、隐蔽性、潜伏性和继承性

多项选择题

1. 在下列设备中,能作为微机的输出设备的是_____。
   A. 打印机   B. 显示器
   C. 绘图仪   D. 键盘

2. 计算机的外存储器有_____。
   A. 软盘   B. 内存
   C. 光盘   D. 硬盘

3. 下面的叙述,_____是正确的。
   A. 软盘的数据存储量远比硬盘少   B. 硬盘和软盘都须远离强磁场
   C. 软盘的体积比硬盘大   D. 读写硬盘数据所需时间比软盘多

4. 微机的总线是一组信号线,它包括数据总线和_____。
   A. 地址总线   B. 控制总线
   C. PCI 总线   D. AGP 总线

5. 在下列四条描述中,正确的是_____。
   A. CPU 管理和协调计算机内部的各个部件的操作
   B. 主频是衡量 CPU 处理数据快慢的重要指标
   C. CPU 可以存储大量的信息
   D. CPU 直接控制显示器的显示

6. 计算机软件系统包括_____两部分。
   A. 系统软件   B. 编辑软件
   C. 实用软件   D. 应用软件

7. 将高级语言编写的程序翻译成机器语言程序,采用的翻译方式有_____。
   A. 编译   B. 汇编
   C. 链接   D. 解释

8. 下列关于字与字节的关系,叙述不正确的是_____。
   A. 字的长度一定是字节的正整数倍   B. 字的长度可以小于字节的长度
   C. 字的长度可以不是字节的整数倍   D. 字的长度一定大于字节的长度

9. 汉字库按汉字的使用频率将汉字库分为_____。
   A. 一级汉字库   B. 二级汉字库
   C. 扩展汉字库   D. 辅助汉字库

10. 五笔字型属于_____。
    A. 汉字内码   B. 汉字外码
    C. 汉字信息交换码   D. 汉字输入码

11. 关于汉字处理代码及其相互关系叙述中,_____是正确的。
    A. 汉字输入时采用输入码   B. 汉字库中寻找汉字字模时采用机内码
    C. 汉字输出打印采用点阵码   D. 存储或处理汉字时采用机内码

12. Windows 的"控制面板"中可以设置_____。

125

A. 声音   B. 键盘

C. 任务栏   D. 网络

13. 改变桌面图案可以通过_____。

    A. 鼠标右键单击桌面空白处并选择"属性"

    B. 双击"控制面板"中"系统"图标

    C. 双击"我的电脑"图标

    D. 双击"控制面板"中"显示"图标

14. 在用全拼输入法进行汉字输入时,若键入不正确的拼音码,可用_____来取消并重输入。

    A. Esc 键   B. Del 键

    C. Tab 键   D. 退格键

15. 下列叙述中,正确的是_____。

    A. "剪贴板"可以用来在一个文档内部进行内容的复制和移动

    B. "剪贴板"可以用来在一个应用程序内部几个文档之间进行内容的复制和移动

    C. "剪贴板"只能用来在一个应用程序内部几个文档之间进行内容的复制

    D. 一部分应用程序之间可以通过"剪贴板"进行一定程度的信息共享

16. "全角、半角"方式的主要区别在于_____。

    A. 全角方式下输入的英文字母与汉字输出时同样大小,半角方式下则为汉字的一半大

    B. 无论是全角方式还是半角方式,均能输入英文字母或输入汉字

    C. 全角方式下只能输入汉字,半角方式下只能输入英文字母

    D. 半角方式下输入的汉字为全角方式下输入汉字的一半大

17. 在 Word 文档中不加图文框的图片的操作_____。

    A. 可以放大   B. 可以移动

    C. 可以删除   D. 可以缩小

18. Word 中,可以对_____加边框。

    A. 图文   B. 表格

    C. 段落   D. 选定文本

19. 关于复制文本,正确的说法是,选定要复制的文本,然后_____。

    A. 单击"编辑/复制"菜单,再在确定位置单击"粘贴"

    B. 右击鼠标,单击"复制",再在确定位置单击"粘贴"

    C. 双击鼠标右键,再在确定位置,单击"粘贴"

    D. 单击"复制"按钮,再在确定位置,单击"粘贴"按钮

20. Word 中,下面说法正确的是_____。

    A. 可以设页眉,不设页脚

    B. 可以只设页脚,不设页眉

    C. 奇数页和偶数页可设置不同的页眉或页脚

    D. 每页可与其他页眉、页脚不同

21. 下列关于 Excel 的说法中,不正确的为_____。

    A. 在 Excel 中不能设置页眉和页脚

B. 工作簿窗口显示了当前工作表的全部

C. 打印预览中的缩放功能并不影响实际打印的大小

D. 在 Excel 中使用公式的目的是为了节约内存

22. 在 Excel 中,下列地址引用不是绝对引用的有_____。

A. B2　　　　　　　　　　　　　　B. ￥B2

C. ＄B2　　　　　　　　　　　　　D. ＄B＄2

23. 在 Excel 中选择菜单"插入"→"单元格",则对话框中有_____选项。

A. 整行　　　　　　　　　　　　　B. 整列

C. 活动单元格左移　　　　　　　　D. 活动单元格右移

24. 在 Excel 中,单元格地址的引用方式分为_____。

A. 间接引用　　　　　　　　　　　B. 混合引用

C. 相对引用　　　　　　　　　　　D. 绝对引用

25. 下列属于 Excel 视图方式的是_____。

A. 普通视图　　　　　　　　　　　B. 大纲视图

C. 页面视图　　　　　　　　　　　D. 分页预览视图

26. 在 Excel 工作表中建立函数的方法有_____。

A. 直接在单元格中输入

B. 直接在编辑栏中输入

C. 利用工具栏上的"粘贴函数"按钮

D. 利用"插入"菜单下的"函数"子菜单

27. 在 Excel 中有关编辑单元格内容的说法正确的有_____。

A. 双击待编辑的单元格可对其内容进行修改

B. 单击待编辑的单元格,然后在"编辑栏"内进行修改

C. 要取消对单元格内容的改动,可在修改后按 Esc 键

D. 向单元格输入公式必须在"编辑栏"中进行

28. 计算机有线网络目前通常采用的传输介质有_____。

A. 同轴电缆　　　　　　　　　　　B. 双绞线

C. 光导纤维　　　　　　　　　　　D. 碳素纤维

29. 网卡的主要功能包括_____。

A. 网络互联　　　　　　　　　　　B. 将计算机连接到通信介质上

C. 实现文件复制　　　　　　　　　D. 实现模拟信号/数字信号转换

30. 计算机网络的主要功能有_____。

A. 资源共享　　　　　　　　　　　B. 并行计算

C. 集中管理　　　　　　　　　　　D. 远程通信

31. 用户在保存网页时,可以保存_____。

A. 整个网站的所有文件　　　　　　B. 整个网页

C. 网页中的部分内容　　　　　　　D. 不能保存任何信息

32. 下列网络中,属于局域网的有_____。

A. 校园网　　　　　　　　　　　　B. 企业内部网

C. 城市宽带网   D. 因特网

33. 下列关于多媒体计算机的说法,正确的有_____。

    A. 能够播放音乐   B. 不能进行文字处理

    C. 可以用来看 VCD   D. 必须上网才能欣赏音乐

34. 多媒体信息包括_____。

    A. 光盘、声卡   B. 音频、视频

    C. 影像、动画   D. 文字、图形

35. 在多媒体电脑工作时,听不到任何声音,原因可能是_____。

    A. 扬声器与声卡连接不正确   B. 音量控制关得过小

    C. 声卡驱动程序未安装   D. 没有安装光驱

36. 一台多媒体电脑,除了包含常规输入输出设备外,还至少包括_____设备。

    A. CD-ROM   B. 网卡

    C. 声卡   D. 音箱

37. 下列哪几项是计算机病毒传播的途径或介质_____。

    A. 软盘   B. 光盘

    C. 计算机网络   D. 显示器

38. 下列有关计算机病毒的叙述中,正确的有_____。

    A. 计算机病毒可以通过网络传染

    B. 有些计算机病毒感染计算机后,不会立刻发作,潜伏一段时间后才发作

    C. 防止病毒最有效的方法是使用正版软件

    D. 光盘上一般不会有计算机病毒

39. 预防软盘感染病毒的有效方法是_____。

    A. 使用前后,均用最新杀毒软件进行查毒、杀毒

    B. 对软盘上的文件要经常重新拷贝

    C. 给软盘加写保护

    D. 不把有病毒的与无病毒的软盘放在一起

40. 计算机病毒的预防,正确的说法是_____。

    A. 建立备份,加写保护,不用来历不明的软件

    B. 控制软盘流动,经常做格式化,不要把软盘放在阴暗潮湿的地方

    C. 专机专用,经常做备份,不要在机器上随便使用来历不明的软盘

    D. 系统引导固定,经常做系统的冷启动,不要加读写保护

判断题

1. 计算机是信息加工的电子设备。

2. 未来的计算机将是半导体、超导、光学、仿生等多种技术相结合的产物。

3. 微型计算机就是指我们平时所用的 PC。

4. 计算机目前最主要的应用还是数值计算。

5. 指令和数据在计算机内部都是按十进制数字形式存储的。

6. 文字、图形、图像、声音等信息,在计算机中都被转换成二进制数进行处理。

7. 决定计算机运算速度的是每秒钟能执行指令的条数。

8. 运算器只能运算,不能存储信息。

9. 计算机硬件系统中最核心的部件是内存储器。

10. 磁盘是计算机的主要外设,没有磁盘计算机就无法运行。

11. 计算机硬件系统由运算器与控制器组成。

12. 存储单元的内容可以多次读出,其内容保持不变。

13. 内存可以长期保存数据,硬盘在关机以后数据就丢失了。

14. 高级语言是人们习惯使用的自然语言和数学语言。

15. 软件是对硬件功能的扩充。

16. 软件通常分为操作系统和办公软件两大类。

17. 计算机高级语言是与计算机型号无关的计算机语言。

18. 程序一定要装到主存储器中才能运行。

19. 微处理器能直接识别并执行的命令语言称为汇编语言。

20. 利用"回收站"可以恢复被删除的文件,但须在"回收站"没有清空以前。

21. Windows 中的大部分操作均可起始于"开始"菜单。

22. 在 Windows 中,删除的内容将被存入剪贴板中。

23. Windows 中桌面上的图标能自动排列。

24. 在 Windows 中,若要将当前窗口存入剪贴板中,可以按 Alt+Print Screen 键。

25. 在资源管理器左区中,有的文件夹前边带有"+"号,表示此文件夹被加密。

26. Word 表格框架是用虚线表示的,实际打印出来的表格只有四个周边线。

27. 对于其他字处理软件(如 WPS 等)编辑的文档,Word 将拒绝打开并处理。

28. 在 Word 中,页面视图模式可以显示水平标尺。

29. Word 对新创建的文档既能执行"另存为"命令,又能执行"保存"命令。

30. Word 对插入的图片,不能进行放大或缩小的操作。

31. 在 Word 的编辑状态,执行"编辑"菜单中的"复制"命令后,剪贴板中的内容移到插入点。

32. Word 文档使用的缺省扩展名是.DOT。

33. 在"我的电脑"或"资源管理器"窗口中双击一个扩展名为.DOC 的文件,可以启动 Word 并打开它。

34. 在 Word 中创建一个新文档,将自动命名为"Word1"、"Word2"…。

35. 在 Word 编辑区中,要将一段已选取的文字复制到另一处,应先"剪切",后"粘贴"。

36. Word 是一个字表处理软件,文档中不能有图片。

37. 在 Excel 中,选取单元范围不能超出当前屏幕范围。

38. Excel 规定,在同一的工作簿中不能将工作表名字重复定义。

39. Excel 中的清除操作不仅是将单元格内容删除,包括其所在的地址。

40. Excel 规定在同一工作簿中不能引用其他工作簿中的工作表。

41. 在 Excel 中,可同时打开多个工作簿。

42. Excel 规定单元格或单元格范围的名字的第一个字符必须是字母或文字。

43. 在 Excel 中编辑输入数据只能在单元格内编辑。

44. 向某单元格输入公式,确认后该单元格显示的是数据,故此时该单元格存储的是数据。

45. shi@online@sh. cn 是合法的 E-Mail 地址。

46. 在计算机网络中,通常把提供并管理共享资源的计算机称为网关 。

47. 计算机网络能够实现资源共享。

48. OSI 模型中最底层和最高层分别为:物理层和应用层。

49. 通常所说的 OSI 模型分为 6 层。

50. Windows NT 是一种网络操作系统。

51. 计算机网络按通信距离分局域网和广域网两种,Internet 是一种局域网。

52. 计算机网络的最大特点是能够不受地理位置上的束缚实现数据共享。

53. 在多媒体系统中,显示器和键盘属于表现媒体。

54. 多媒体技术是综合处理声、文、图等多种信息媒体,具有交互功能,对媒体数字化处理的技术。

55. 计算机病毒是一种具有自我复制功能的指令序列。

56. 计算机病毒带给用户最主要的危害是降低系统的性能。

57. 电子邮件也是计算机病毒传播的一种途径。

58. Word 文件中不可能隐藏病毒。

59. 计算机病毒只能通过软盘与网络传播,光盘中不可能存在病毒。

60. 用杀病毒软件清理过的磁盘一定没有病毒,可以放心使用。

练习答案

1. 单项选择题

1. B	2. C	3. D	4. C	5. B	6. B	7. D	8. B	9. D	10. A
11. B	12. A	13. C	14. B	15. C	16. D	17. C	18. B	19. A	20. A
21. A	22. C	23. C	24. A	25. C	26. D	27. C	28. A	29. C	30. B
31. B	32. C	33. C	34. B	35. B	36. A	37. B	38. B	39. B	40. B
41. B	42. A	43. B	44. C	45. C	46. C	47. B	48. D	49. D	50. B
51. C	52. C	53. B	54. C	55. A	56. B	57. B	58. B	59. D	60. D
61. B	62. B	63. B	64. B	65. A	66. D	67. B	68. C	69. B	70. D
71. B	72. A	73. A	74. B	75. C	76. D	77. D	78. D	79. D	80. D
81. B	82. A	83. C	84. A	85. B	86. C	87. B	88. B	89. A	90. D
91. D	92. B	93. B	94. D	95. B	96. D	97. D	98. D	99. A	100. B

2. 多项选择题

1. ABC	2. ACD	3. AB	4. AB	5. AB
6. AD	7. AD	8. BCD	9. AB	10. BD
11. ACD	12. ABCD	13. AD	14. AD	15. ABD
16. AB	17. ABCD	18. ABCD	19. ABD	20. AB
21. ABD	22. ABC	23. ABD	24. BCD	25. AD

26. ABCD　　27. ABC　　28. ABC　　29. AB　　30. ABCD
31. BC　　32. AB　　33. AC　　34. BCD　　35. ABC
36. ACD　　37. ABC　　38. ABC　　39. AC　　40. AC

3. 判断题

1. √　2. √　3. √　4. ×　5. ×　6. √　7. √　8. √　9. ×　10. ×
11. ×　12. √　13. ×　14. ×　15. √　16. ×　17. √　18. √　19. ×　20. √
21. √　22. ×　23. √　24. √　25. ×　26. ×　27. ×　28. √　29. √　30. ×
31. ×　32. ×　33. √　34. ×　35. ×　36. ×　37. ×　38. √　39. ×　40. ×
41. √　42. √　43. ×　44. ×　45. ×　46. ×　47. √　48. √　49. ×　50. √
51. ×　52. ×　53. √　54. √　55. √　56. ×　57. √　58. ×　59. ×　60. ×

第二部分

计算机程序设计实验指导

实验 1　VB 的集成环境

实验目的

- 熟悉 VB 的集成开发环境
- 掌握 VB 程序代码的输入、修改和运行的方法
- 了解使用 VB 实现一个程序的操作过程

相关知识

1. Windows 资源管理器的基本操作

用 VB 实现的应用程序都是由多个文件组成的,为了便于管理,一般为每一个应用程序都建立一个文件夹,用以保存该应用程序中的所有文件。

2. VB 的启动与退出

启动 Visual Basic 的步骤如下:

点击菜单【开始 | 程序 | Microsoft Visual Basic 6.0 中文版 | Microsoft Visual Basic 6.0 中文版】(说明:在本指导书中,黑方括号(【】)中的内容表示菜单选择操作。例如,【XX | YY | ZZ】表示选择"XX"菜单、选择"XX"菜单下的"YY"菜单、选择"YY"菜单下的"ZZ"菜单。)

➡在"新建"选项卡中选择"标准 EXE"工程,单击"打开"按钮(VB 启动完毕,进入其集成开发环境,如图 1-1 所示)。

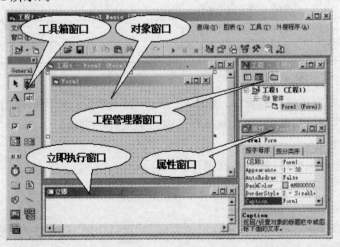

图 1-1　VB 集成开发环境

退出 VB 就是关闭其集成开发环境的窗口。操作方法是：

点击【文件｜退出】

3. VB 的集成开发环境

VB6.0 集成开发环境除了具有标准 Windows 环境的标题栏、菜单栏、快捷工具栏外，还有工具箱窗口、属性窗口、工程管理器窗口、对象窗口（窗体设计器窗口）、代码窗口、立即执行窗口、窗体布局窗口等开发工具。

（1）菜单和快捷工具栏。

同其他任何 Windows 软件一样，VB 集成开发环境的"菜单"列出了在此环境中可以进行的各种操作，"快捷工具栏"上摆放了常用操作的快捷方式。有关菜单项的意义，将在以后用到时加以说明。这里先简要介绍一下快捷工具栏上的快捷方式。

VB 提供了"编辑"、"标准"、"窗体编辑器"和"调试"等 4 种快捷工具栏，并允许用户定义自己所需要的工具栏。一般情况下，集成环境中只显示标准工具栏，其他工具栏可以通过"视图"菜单中的"工具栏"命令打开（或关闭）。

"标准"工具栏中的常用按钮如表 1-1 所示。

表 1-1 标准工具栏中的常用按钮

图标	名称	功能
	添加窗体	在工程中添加新窗体，相当于【工程｜添加窗体】
	菜单编辑器	显示菜单编辑器对话框
	打开工程	用于打开已有的工程文件
	保存工程	用于保存当前的工程文件
	剪切	将选中的内容剪切到剪贴板中
	复制	将选中的内容复制到剪贴板中
	粘贴	将剪贴板中的内容粘贴到当前位置
	启动	开始运行当前的工程
	结束	结束当前工程的运行
	工程资源管理器	打开工程资源管理器窗口
	属性窗口	打开属性窗口

（2）对象窗口及其基本操作。

对象窗口（也叫窗体设计器窗口，如图 1-1 所示）是用来设计应用程序用户界面的。用 VB 开发的应用程序执行时打开的窗口，就是在此窗口中设计出来的。

显示对象窗口

要打开或调出对象窗口，可以这样操作：

【视图｜对象窗口】

或者

选定要涉及的窗体之后，单击"工程资源管理器"窗口中的"查看对象"按钮。

将控件放置到窗体中的方法：

在"工具箱"窗口选中所需的控件图标（指向某控件时会出现提示），在窗体中拖画出控件。

或者在"工具箱"窗口双击所需的控件图标(该控件已被放置到窗体的中间),将其拖放到适当的位置。

调整窗体或者控件位置和大小的方法:

粗调控件位置:拖动控件到合适位置放下。

粗调大小:在对象窗口选中窗体或者控件,移动鼠标到其四周的某一小方块上(鼠标指针变为双向箭头),拖动鼠标,当其大小合适时放下。

细调位置和大小:通过属性窗口设置其左上角坐标(Left 和 Top 属性)和高度与宽度值(Height 和 Width 属性)。

(3)工具箱窗口及其基本操作。

工具箱窗口(见图 1-1)中存放着构成 VB 应用程序的常用基本构件,称为控件(Control)。每个控件由一个工具图标表示。

显示工具箱窗口

要打开或调出工具箱窗口,可以这样操作:

【视图│工具箱】

向工具箱窗口中添加其他 ActiveX 部件

(从略)

(4)属性窗口及其基本操作。

属性窗口(见图 1-1)用来对选定的窗体或控件的属性进行设置。

显示属性窗口

要打开或调出属性窗口,可以这样操作:

【视图│属性窗口】

设置窗体或控件的属性

选择窗体:单击窗体的空白处,或者从"属性窗口"上端的对象组合框中选择。

选择控件:单击窗体中的控件(如果要选择多个控件,可按下 Shift 键然后再单击要选择的各个控件;或者在窗体上拖鼠标使得虚线框罩住要选择的控件时放开)。或者从属性窗口上端的对象组合框中选择。

设置属性:利用属性窗口为窗体或者控件设置属性的操作步骤如下:

先选中要设置属性的窗体或者控件(选中的对象四周有 8 个小方块)

➡在"属性"窗口中找到需要设置的属性名并单击之

➡设置属性。具体做法是:

如果属性名右边是文本框(比如,窗体的 Caption 属性 `Caption    Form1`),则在其中输入属性值;

如果属性名右边是组合框(比如,图像框的 Visible 属性 `Visible    True ▼`),则从组合框中选择所需的属性值;

如果属性名右边是具有浏览按钮(省略号)的文本框(比如,图像框的 Picture 属性 `Picture    (None) ...`),则可以直接在文本框中输入属性值,也可以单击浏览按钮,去寻找所需的属性值。

(5)工程资源管理器窗口。

VB 把应用程序称为"工程"。一个工程一般都是由许多各种类型的文件组成的。例如工程文件(.vbp)、窗体文件(.frm)、标准模块文件(.bas)等等。

工程资源管理器窗口就是用来管理工程中的各种文件的。该窗口中以树状列表的形式显示当前工程的文件组成。通过该窗口,可以很方便地对选中的文件进行管理(如查看代码、查看对象、保存文件等)。

(6) 代码窗口及其基本操作。

代码窗口(见图 1-2)用来编辑事件过程(即事件响应代码)和其他通用过程。

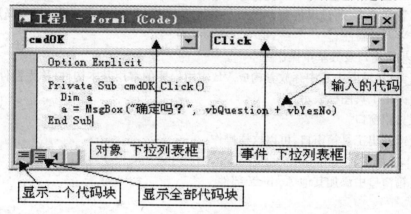

图 1-2　代码窗口

显示代码窗口

启动 VB 时,代码窗口并不自动打开。当需要编写代码时可以通过如下任意一种方式来打开代码窗口:

【视图|属性窗口】;

或者 双击窗体的任何地方;

或者 在对象窗口中右击鼠标【查看代码】;

或者 单击工程管理窗口中的"查看代码"按钮。

输入/编辑代码

输入代码的操作步骤如下:

从"对象"下拉列表框(见图 1-2)中选择要输入代码的对象

➡从"事件"下拉列表框(见图 1-2)中选择要输入代码的事件

➡在事件过程中输入自己编写的代码。

特别提醒:输入代码时必须弄清楚"代码是哪个对象哪个事件的?!"

实验内容

1. 建立文件夹

用"Windows 资源管理器"在某磁盘(比如 D:盘)上建立一个以自己的学号(比如 2005xxxx)为名的文件夹(用来保存自己编写的程序)。

2. 完成如下功能的程序

(1) 程序运行时出现一个标题为"我的第一个程序"的窗口(一般来说,每一个 VB 应用程序都至少有一个窗体)。

(2) 窗口中显示信息"我们开始学 VB 喽!",所显示的信息在窗口中从左到右移动,当从窗口右端消失时,再从窗口的左边出现。

实现步骤 (先照着做,别问为什么)

(1) 创建一个工程。

如果 VB 没有启动,则按如下步骤进行:

【开始|程序|…|Microsoft Visual Basic 6.0 中文版】(出现"新建工程"对话框,如图 1-3 所示)

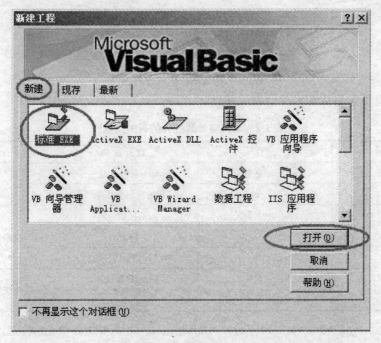

图 1-3 "新建工程"对话框

➡ 在"新建工程"对话框中选择"新建"页面中的"标准 EXE",然后单击"打开"按钮(图 1-3 中画圈之处)。

至此,一个应用程序的基本框架已经建立。

如果 VB 已经启动,则在 VB 界面中按如下步骤进行:

保存当前工程(【文件|保存工程】或者【文件|工程另存为】)

➡ 新建工程(【文件|新建工程】)(出现"新建工程"对话框,如图 1-3 所示)

➡ 在"新建工程"对话框中选择"新建"页面中的"标准 EXE",然后单击"打开"按钮。

至此,一个应用程序的基本框架已经建立。

(2) 设计界面。

根据程序功能要求,在窗体中放置一个标签控件(Label1)和一个计时器控件(Timer1)。如图 1-4 所示:

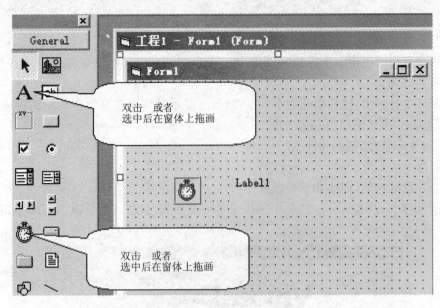

图 1-4　界面设计的操作界面

按照表 1-2 设置窗体和控件的有关属性：

表 1-2　设置窗体和控件的有关属性

窗体或控件	属性	设置值	说明
窗体	Name(名称)	form1(默认)[注]	
	Caption	我的第一个程序	
标签	Name(名称)	label1(默认)	
	AutoSize	True	用来显示文字
	Caption	我们开始学 VB 喽！	
计时器	Name(名称)	Timer1(默认)	用来控制文字移动
	InterVal	200	

[注]：每一个对象在创建时系统都为其取一个默认的名字，如果使用该默认名字，则"名称"属性无需设置。

对象(窗体或窗体中的控件)的属性，可以通过属性窗口在设计阶段设置(静态设置)，也可以通过代码在程序运行时设置(动态设置)。现在，让我们通过属性窗口来设置标签(Label1)的 Caption 和 AutoSize 属性。操作方法如下：

在属性窗口的"对象"下拉列表框中选择要设置属性的对象(这里是 Label1，如图 1-5 所示)，或者在窗体中选择好对象然后激活属性窗口；

➡找到 Caption 属性，输入属性值："我们开始学 VB 喽！"(注意：双引号不要输入)；

➡找到 AutoSize 属性，选择要设置的属性值：True(如图 1-6 所示)。

按上述方法继续设置好窗体及其他控件的有关属性。

(3) 编写代码。

在 Timer1 控件的 Timer 事件中编写如下代码(注意下图中输入代码的位置)：

```
'标签的位置右移 100 个单位
Label1. Left = Label1. Left + 100
```

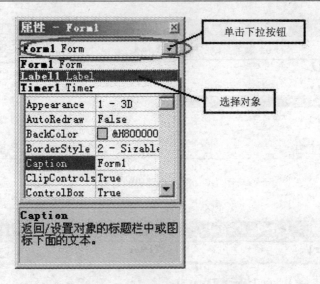

图 1-5　在属性窗口中选择对象

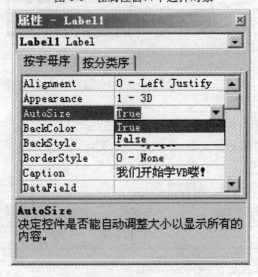

图 1-6　为选中的对象设置属性

 　'如果标签移出窗体的右边界,则将其重置与左边界以外

 　　If Label1. Left >= Me. Width Then

 　　　　Label1. Left = −Label1. Width

 　End If

注意　单引号后的文字为注释。注释一般用来对代码的作用作简要的说明。

 　　操作方法如下:

 　　打开"代码窗口":(双击当前设计的窗体,或者【视图|代码窗口】)

 　➡从"对象"下拉列表框中选择要编写代码的对象 Timer1(如图 1-7 所示)。

 　➡从"过程"下拉列表框中选择要编写代码的(事件)过程。由于 Timer1 对象只有一个(事件)过程 Timer,所以此步无需进行。

 　➡将代码输入到所选对象的指定(事件)过程中。本例是 Timer1 对象的 Timer(事件)过

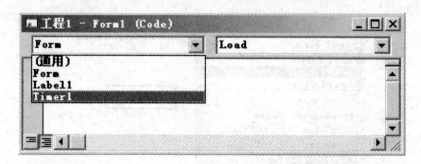

图 1-7　选择要编码的对象

程(如图 1-8 所示)。

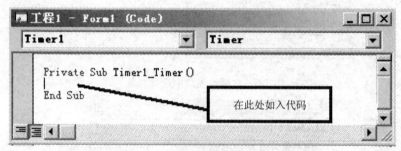

图 1-8　Timer1 对象的 Timer 事件过程代码输入位置

特别提醒

① 注意字母 O 后数字 0 的区别；

② 代码中的标点符号都是西文的,不得出现中文标点；

③ 注释可以不输入。

图 1-9 所示的是上述代码输入后的情况。

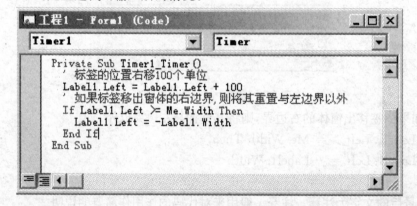

图 1-9　Timer1 对象的 Timer 事件过程代码

(4) 保存工程。

在以自己的学号为名(比如 2005xxxx)的文件夹中,再建立一个名为"0101"的文件夹,然后将本程序的所有文保存在 0101 文件夹中。窗体文件和工程文件都用默认的文件名(Form1.frm 和工程 1.vbp)。

操作步骤

【文件|保存工程】(出现"文件另存为"对话框)

➡从"文件另存为"对话框中的"保存在"下拉列表框中找到并打开自己的文件夹(比如2005xxxx,如图1-10所示)

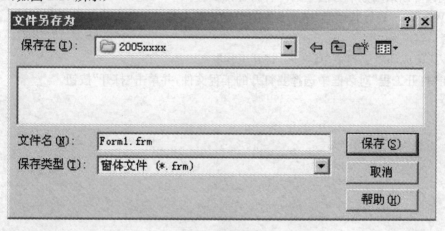

图1-10 "文件另存为"对话框

➡单击"创建新文件夹"工具按钮( )(建立了名为"新建文件夹"的文件夹)

➡输入文件夹名"0101",并将0101文件夹打开(双击)

➡指定相应的文件名,并单击"保存"按钮➡…

(5)运行程序。

选择菜单【运行|启动】

或者 单击"启动"工具按钮( )

或者 直接使用F5键

注意 要想关闭运行中的程序,可以采用如下方法中的一种:

关闭运行的窗体;

或者

选择菜单【运行|结束】

或者

单击工具栏中的"结束"工具按钮( )。

程序运行之后应该检查程序是否实现了预期的功能,如果有错误或者欠缺,应该对程序进行修改,修改后需要保存以及再运行,……。

3. 仿照上题,自己实现另一个程序,保存于名为0102的文件夹中

该程序完成的功能与上题类似,只是文字信息的移动方向改为从右往左。(程序的窗体文件以Exp02.frm为名,工程文件以Exp02.vbp为名)

4. 在VB环境进行下列操作练习

(1)关闭然后再打开VB环境中的下列窗口:

工具箱窗口、属性窗口、工程管理器窗口、对象窗口(窗体设计器窗口)、代码窗口、立即执行窗口。

(2) 打开上题中建立的工程 Exp02. vbp 并运行。

【提示】可以采用如下方法中的一种打开该工程:

在"Windows 资源管理器"中找到要打开的工程文件(Exp02. vbp)并双击之;

或者

在 VB 集成环境选择菜单【文件|打开工程】

➡在"打开工程"对话框中选择要打开的工程文件,并单击"打开"按钮。

实验 2　对象的属性、事件和方法

实验目的

- 巩固在实验一中所学到的知识
- 通过实例来理解对象以及对象的属性、事件和方法等有关概念

相关知识

1. VB 集成环境的基本操作

（见实验 1）

2. 对象以及对象的属性、事件和方法等有关概念

（1）对象。

现实世界中任何有明确意义的事物称为实体。实体既可以是具体的事物，也可以是人为的概念。例如，学校、学生、成绩、公司、职工、贷款、债权等等，都是实体。对象就是描述实体特性的数据和对这些数据的处理程序的封装体。

在现实世界中，一个事物可以由多个其他事物组成。类似地，在面向对象的程序设计中，一个对象也可以由多个其他对象组成。

在程序实现（解决实际问题）时，对象可以表现为一个窗口、窗口中的一个按钮、一个图画框、一个表格等可视的程序组件，还可以表现为变量、文件等不可视的程序元素。

（2）属性。

对象中描述实体静态特性的数据称为（对象的）属性。例如，对于对象"学生"，学号、姓名、性别、年龄等等都是其属性。

在程序中，引用某属性的值或者改变某属性的值称为访问该属性。访问对象属性的一般形式为：

对象名. 属性名

例如，假设 Student 是学生对象，Age 是学生对象的年龄属性，则下面的程序段是先将学生年龄加 1，然后显示出年龄：

Student. Age = Student. Age + 1

Print Student. Age

（3）方法。

对象中用以模拟实体行为的数据处理程序称为（对象的）方法。例如，对于"圆"这个对象，移动其位置、改变其大小等等都是方法。

在程序中,使某个方法执行称为调用该方法。调用对象方法的一般形式为:

对象名.方法名 参数表

或者

对象名.方法名(参数表)

例如,C 是窗体上的一个对象,Move 是移动其位置的方法,则下面的语句可以将其移动到窗体的左上角:

C. Move 0,0

（4）事件。

导致某个对象的"操作"（即方法）被执行的过程称为事件。

在面向对象的程序设计中,某个事件发生时对象所执行的操作称为事件响应。每一个对象都预先定义了许多事件,一个事件发生了,如何响应,需要程序员根据具体功能编写相应的响应代码。例如,窗口中有一个按钮对象,希望在用户单击此按钮时显示一个信息框:"你刚才单击了我!",则应该为该按钮的 Click（单击）事件编写响应代码:

MsgBox "你刚才单击了我!"

实验内容

1. 编写一个程序,使之有如下表现

（1）程序运行时出现一个标题为"对象的属性、事件和方法"的窗口,其中包含一个标题为"测试"的命令按钮。

（2）当窗体大小改变时,标题为"测试"的命令按钮自动移动到窗体的中间位置。

（3）当单击窗体时,窗体的背景颜色就随机地改变。

（4）当单击命令按钮时,显示信息"我是命令按钮'XX',你单击了我"。

实现步骤 （先照着做）

（1）创建一个工程。

操作方法:参见实验一中实验内容的第 1 题。

（2）设计界面。

根据题意,需要在窗体中放置一个命令按钮,并按表 2-1 设置窗体和控件的有关属性:

表 2-1 对象的属性设置

窗体或控件	属性	设置值
窗体	Name(名称)	frm0201
	Caption	对象的属性、事件和方法
命令按钮	Name(名称)	cmdTest
	Caption	测试

（3）编写代码。

① 为了实现要求（2）,我们需要在窗体的 ReSize（改变大小）事件中编写将令按钮移动到

窗体中间位置的代码（通过调用命令按钮的 Move 方法实现移动功能）：

Private Sub Form_Resize()

′ 使命令按钮移到窗体的中间位置

cmdTest. Move（Me. Width — cmdTest. Width）/ 2，（Me. ScaleHeight — cmdTest.

Height）/ 2

End Sub

代码输入位置如图 2-1 所示：

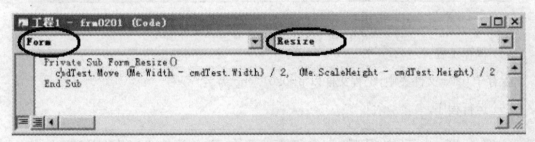

图 2-1　窗体的 ReSize 事件代码

② 为了实现要求（3），我们需要在窗体的 Click 事件中编写随机地改变窗体背景颜色的

代码：

Private Sub Form_Click()

′ 从 16777216 种颜色中随机地选一种

Me. BackColor = 16777216 ＊ Rnd

End Sub

代码输入位置如图 2-2 所示：

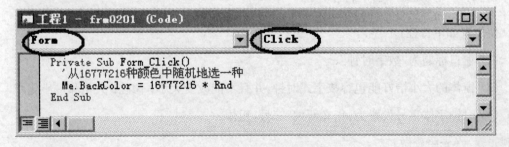

图 2-2　窗体的 Click 事件代码

③ 为了实现要求（4），我们需要在命令按钮的 Click 事件中编写显示信息框的代码：

Private Sub cmdTest_Click()

MsgBox "我是命令按钮"测试"，你单击了我"

147

End Sub

代码输入位置如图 2-3 所示。

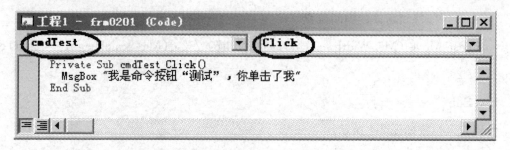

图 2-3　命令按钮 cmdTest 的 Click 事件代码

（4）保存工程。

保存于 0201 文件夹中，工程文件以 prj0201. vbp 为名。

（5）运行程序。

2. 仿照上题，自己实现另一个程序，保存于名为"0202"的文件夹中

要求该程序表现如下：

（1）程序运行时出现一个标题为"对象的属性、事件和方法"的窗口，其中包含四个标题分别为"上"、"下"、"左"、"右"的命令按钮；

（2）当窗体大小改变时，四个命令按钮分别自动移动到窗体的"上"、"下"、"左"、"右"四个边的中间位置；

（3）当单击窗体时，显示信息"我是窗体，你单击了我"。

3. 编写一个数字式时钟程序

使之有如下特性：

（1）窗口标题为"数字时钟"；

（2）窗体的大小恰好能包容数字式时钟，并且不能改变大小，不能最大化和最小化；

（3）时钟字体字号设置为：华文新魏，三号，粗体。

实现步骤　（先照着做）

（1）创建一个工程。

操作方法：参见实验一中实验内容的第 1 题。

（2）设计界面。

根据题意，需要在窗体中放置一个标签和一个计时器，并按表 2-2 设置窗体和控件的有关

属性:

表 2-2 有关对象的属性设置

窗体或控件	属性	设置值	说明
窗体	Name(名称)	frm0203	窗体大小的设置: 设置好标签属性后通过拖放操作来调整
	Caption	数字式时钟	
	BorderStyle	1 (Fixed Single)	
计时器	Name(名称)	tmrClock	
	InterVal	1000	
标签	Name(名称)	lblClock	Font 属性在"字体"对话框中设置
	Font	华文新魏,三号,粗体	
	AutoSize	True	
	Left,Top	100,0	
	Caption	00:00:00	

(3) 编写代码。

本程序只需要在计时器(tmrClock)的 Timer 事件中编写一行代码即可:

```
Private Sub Timer1_Timer()
    lblClock. Caption = Time()
End Sub
```

(4) 保存工程。

保存于 0203 文件夹中。

(5) 运行程序。

4. 仿照上题,自己实现另一个数字式时钟程序,保存于名为"0204"的文件夹中

要求该程序表现如下:

(1) 窗口没有标题栏和边框(提示:BorderStyle 属性设置为 0),且窗体的大小只能包容数字式时钟;

(2) 时钟字体字号设置为:黑体,三号,粗体;

(3) 时钟的背景为蓝色,文字为黄色。

实验 3　窗体和标签、文本框及命令按钮控件

实验目的

- 通过实例来进一步理解对象以及对象的属性、事件和方法等有关概念
- 熟悉窗体的常用属性和事件
- 学习使用标签、文本框及命令按钮控件来编写简单程序

相关知识

1. 窗体及窗体的常用属性、事件和方法

窗体的属性决定了窗体的外观特性和某些行为特征。常用的属性列于表 3-1：

表 3-1　窗体的常用属性

属性名	意义
Name	对象名称
Caption	对象的标题
Fontname，fontsize，font…	对象上所显示文字的字体名称、大小、…
Forecolor，Backcolor	指定对象的前景和背景颜色
MaxButton，MinButton	窗体是否有最大(小)化按钮
BorderStyle	指定窗体的边框类型
Picture	指定窗体的背景图像

窗体的事件决定了窗体何时可以处理程序员编写的代码。常用的事件列于表 3-2：

表 3-2　窗体的常用事件

事件	触发时间
Click	单击窗体时
Load	装入窗体时
Initialize	窗体创建时
Resize	窗体大小改变时
Unload	窗体关闭时[注 3]

窗体的方法决定了窗体可以提供何种服务。常用的方法列于表 3-3：

表 3-3 窗体的常用方法

方法	功能
Cls	清除窗体上的输出信息
Print	输出数字或文本
Line, Circle, ⋯	绘图(详见第十一章)

2. 标签的作用及其常用属性、事件和方法

标签主要用于显示(输出)文本信息。其主要属性和事件列于表 3-4：

表 3-4 标签的常用属性

属性名称	意义	说明
Caption	显示的文本	
Alignment	文本的对齐方式	
AutoSize	是否自动大小	标签的事件和方法很少使用
BackStyle	背景是否透明	
BorderStyle	有无边框	
WordWrap	文本是否自动折行	

3. 文本框的作用及其常用属性、事件和方法

文本框用来编辑(输入)数据(文本或数字信息)。其主要属性和事件列于表 3-5。

表 3-5 文本框的常用属性、事件和方法

属性/事件	名称	意义/触发条件
属性	Text	显示待编辑的文本
	Alignment	文本的对齐方式
	Locked	是否可以编辑
	MultiLine	是否多行
	BorderStyle	有无边框
	Maxlength	最大长度(0=任意)
	ScrollBars	有无滚动条
	PassWordChar	密码回显字符
事件	Change	内容改变时触发。
	GotFocus	获得焦点时触发。
	LostFocus	失去焦点时触发。
方法	Setfocus	设置焦点

4. 命令按钮的作用及其常用属性、事件和方法

该控件主要用来发布某种操作的执行命令。其主要属性和事件列于表 3-6：

表 3-6 命令按钮的常用属性、事件和方法

属性/事件	名称	意义/触发条件
属性	Caption	按钮上显示的文字
	Cancel	是否为取消按钮(Esc＝单击)
	Default	是否为缺省按钮(Enter＝单击)
	Style	外观(标准,图形)
	Picture	按钮上的图片文件
事件	Click	单击时触发

实验内容

1. 编写满足如下要求的程序

当窗体的 Click,Load,Initialize,Unload 事件发生时,给出相应的报告:

"窗体发生了 XX 事件"

(运行该程序时,请注意 Load,Initialize,Unload 三个事件发生的先后顺序)

实现步骤

(1) 创建一个工程。

操作方法:略。

(2) 设计界面。

本程序只需一个窗体。

(3) 编写代码。

在窗体(Form1)的上述各事件过程中编写如下形式的代码:

MsgBox "窗体发生了" & "XX" & "事件"

代码输入情况如图 3-1 所示:

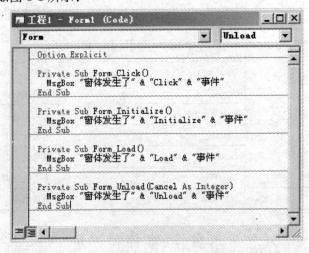

图 3-1 窗体 Form1 的各事件过程代码

(4) 保存工程。

保存于 0301 文件夹中,工程文件以 prj0301. vbp 为名。

(5) 运行程序。

2. 仿照上题,按要求编写程序

实现另一个报告窗体事件发生的程序,保存于名为"0302"的文件夹中。要求当窗体的 Load,ReSize,QueryUnload 事件发生时,给出相应的报告:

"窗体发生了 XX 事件"

3. 编写一个满足如下要求的程序

(1) 程序运行界面如图 3-2。

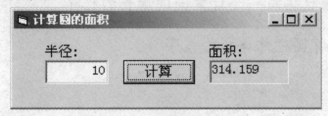

图 3-2   程序运行时界面

(2) 当单击"计算"按钮时,在该按钮右边的标签中显示圆的面积。

实现步骤

(1) 创建一个工程。

操作方法:略。

(2) 设计界面。

由图 3-2 可知,本程序需在窗体中一个文本框(用于输入圆的半径)、三个标签(两个用于显示提示信息,一个用于显示计算结果)和一个命令按钮(用于发布计算命令)。

窗体和有关控件的属性,按表 3-7 设置。

表 3-7   窗体和有关对象的属性设置

窗体或控件	属性	设置值	说明
窗体	Name(名称)	frm0303	窗体大小的设置: 设置好标签属性后通过拖放 操作来调整
	Caption	计算圆的面积	
	BorderStyle	1 (Fixed Single)	
文本框	Name(名称)	txtR	清除 Text 属性内容
	Text		
命令按钮	Name(名称)	cmdJs	
	Caption	计算	
标签(三个)	Name(名称)	Label1,Label2,lblA	仅对 lblA 设置 BorderStyle 属性
	Caption	半径:,面积:,(空)	
	BorderStyle	1 (Fixed Single)	

（3）编写代码。

本程序只需编写命令按钮的 Click 事件代码：

```
Private Sub cmdJs_Click()
    lblA. Caption = 3. 14159  *  Val(txtR. Text)  *  Val(txtR. Text)
End Sub
```

（4）保存工程并运行该程序。

本例说明，对于一个简单的数据计算问题，可以这样实现：

用一些标签和文本框控件来提示用户输入原始数据；

用一些标签来显示计算的结果信息；

用命令按钮来完成计算任务（计算代码写在其 Click 事件过程中）。

4. 仿照上题，自己编写一个计算圆的周长的程序

5. 编写一个计算圆柱体体积的程序

实验 4　变量与表达式

实验目的

- 掌握各数据类型的使用特点
- 掌握变量定义的各种方法
- 掌握表达式的书写格式、运算符功能
- 掌握自定义类型的概念和使用方法

相关知识

1. VB 的数据类型

VB 的数据类型比较丰富，摘其要列于表 4-1：

表 4-1　VB 的数据类型

类型		关键字	类型符	推荐的前缀	字节数
数值	字节型	Byte	无	byt	1
	整型	Integer	%	int	2
	长整型	Long	&	lng	4
	单精度型	Single	!	sng	4
	双精度型	Double	#	dbl	8
	货币型	Currency	@	cur	8
字符串	字符串型	String	$	str	
	定长字符串型	String * n		str	
日期型		Date		dat	8
逻辑型		Boolean		bol	2
对象型		Object		obj	
变体型		Variant			
自定义类型		Type			

2. 常量与变量的有关概念和使用方法

自定义符号常量：

Const 常量名［AS 类型］= 表达式

系统提供的常量：

VB 对象库中定义了许多系统常量,可通过"对象浏览器"(标准工具栏中的工具按钮为

)查看。

变量的显式声明:

一般使用 Dim 语句,也可以使用也可用 Public,Private 或 Static 等语句。

例如:

Dim intCount As integer

Dim intCount%, sngSum!

变量的隐式声明:

直接使用的变量视为变量的隐式声明,这种变量的类型为变体型(Variant)。

强调变量必须显式声明:

Option Explicit 语句

注意:该语句只能在"通用"—"声明"中出现。

3. 表达式的有关概念和书写方法

算术运算符:- ^ * , / \(整除) Mod(取余) +,-

字符串运算符:& +

日期运算符:+ -

设 d1 和 d2 为日期型,n 为整型,则下列表达式是合法的:

d1 - d2´结果为两日期之间的天数

d1 + n´结果为日期 d1 加 n 天的日期

d1 - n´结果为日期 d1 减 n 天的日期

关系运算符:= > >= < <= <> Like Is

其中:

Like:一般用于字符型。可以通过通配符(* ? ♯)及符号范围实现"模糊"查询。

例如:"ABCD" Like " * C * " 结果为 True

Is:仅用于对象类型变量(从略)。

逻辑运算符:Not And Or Xor Eqv Imp

4. 窗体 Print 方法的使用

窗体的 Print 方法可以将变量或表达式的值显示在窗口中。其基本语法为:

me. Print e1,e2,…,eN

其中,e1,e2,…均为表达式(注意:单个的常量、变量或函数也视为表达式)。

实验内容

1. 编写程序

编写一个程序(保存于 0401 文件夹),用来检验 Integer,Long,Single,Date 等标准数据类

型变量所占用的字节数,要求:

(1) 单击窗体时显示;

(2) 显示格式为:

数据类型名 1 占用的字节数 1

数据类型名 2 占用的字节数 2

…

(3) 打任何一个字符键都将窗口内容清除。

实现步骤

(1) 创建一个工程。

操作方法:略。

(2) 设计界面。

本题只需要一个窗体。

(3) 编写代码。

① 按题目要求(1)和(2),需要在窗体的 Click 事件中编写下列代码:

```
Private Sub Form_Click()
    Dim intV As Integer
    Dim lngV As Long
    Dim sngV As Single
    Dim datV As Date
    intV = 1
    lngV = 1
    sngV = 1
    datV = Date
    Me. Print "Integer", Len(intV)
    Me. Print "Long", Len(lngV)
    Me. Print "Single", Len(sngV)
    Me. Print "Date", Len(datV)
End Sub
```

② 为了实现要求(3),需要在窗体的 KeyPress 事件中编写代码:

```
Private Sub Form_KeyPress(KeyAscii As Integer)
    Me. Cls ' 调用窗体对象的 Cls 方法
End Sub
```

(4) 保存工程。

保存于 0401 文件夹中,工程文件以 prj0401. vbp 为名。

(5) 运行程序。

2. 仿照上题编写相关程序

编写一个用来检验 Byte,Double,Currency,Boolean 等标准数据类型变量所占用的字节数的程序(保存于"0402"文件夹中),要求同前。

157

3. 编写一个程序，用来测试字符串运算符"&"和"＋"的异同

要求：程序代码写在窗体的 Click 事件中。

提示：可以让程序输出下列表达式，注意运行结果是否合法（即是否报错）？ 如果能够运行，那么结果是什么？

"abc" ＋ 123

"abc" & 123

123 ＋ "abc"

123 & "abc"

"123" ＋ 456

"123" & 456

456 ＋ "123"

456 & "123"

123 ＋ 456

123 & 456

据你的观察，是否可以得出这样的结论：两个字符串的连接运算使用"&"运算符更为方便、可靠。

4. 设 d1 和 d2 为 Date 型，n 为 Long 型，编写程序

用来检测下列表达式的计算结果以及计算结果的数据类型（要求：程序代码写在窗体的 Click 事件中）：

d1 － d2

d1 ＋ n

d1 － n

：函数 TypeName(e) 可以返回表达式 e 的数据类型。

5. 编写用来测试算术运算符"\"和"Mod"，字符比较运算符"Like"及通配符(＊ ？ ＃)的功能的程序

要求：程序代码写在窗体的 Click 事件中。

6. 理解项目设置状态的意义

打开第 1 题建立的工程（prj0401. vbp），并打开代码窗口，然后改变"选项"对话框中"编辑"页面里的"自动语法检测"、"要求变量声明"、"编辑时可拖放文本"、"过程分隔线"等项目的设置状态，并进行适当的操作，来理解这些项目的意义。

实验 5　标准函数

实验目的

- 理解函数的基本概念
- 掌握常用函数的功能、调用格式和使用方法
- 掌握在立即窗口验证常量、变量、函数及表达式值的操作方法

相关知识

1. 函数的有关概念和调用方法

VB 中提供了丰富的标准函数，常用的列于表 5-1：

表 5-1　VB 中常用的标准函数

类别	函数	说明
数学函数	Sin(x)|Cos(x)|Tan(x)|Atn(x)	返回 x 的正弦|余弦|正切|反正切值
	Abs(x)|Sqr(x)	返回 x 的绝对值|平方根
	Int(x)|Fix(x)	返回不大于 x 的最大整数|x 的整数部分
	Exp(x)	返回以 e 为底，以 x 为指数的值，即 e 的 x 次方
	log(x)	返回以 e 为底的 x 的对数
	Sgn(x)	返回 x 的符号值：-1|0|1 ($x<0$|$x=0$|$x>0$)
	…	
字符串函数	Ltrim(s)|Rtrim(s)|Trim(s)	去掉字符串 s 左|右|两端的空格字符
	Left(s,n)|Right(s,n)	取字符串 s 左|右部的 n 个字符
	Mid $ (s,p,n)	从位置 p 开始取字符串 s 的 n 个字符
	String $ (n,s)	返回由 n 个字符(s 的首字符)组成的字符串
	Space $ (n)	返回 n 个空格
	Len(v)|LenB(v)	测试变量 v 的长度(字符数|字节数)
	Ucase $ (s)|Lcase $ (s)	把字母转换成大写|小写
	Instr([p,]s1,s2)	返回字符串 s2 在字符串 s1 中的位置
	…	
日期函数	Date|Time|Now	返回当前的日期|时间|日期和时间
	Year(d)|Month(d)|Day(d)	返回日期 d 的年份|月份|日号
	…	

（续表）

类别	函数	说明
类型转换函数	Hex $(x) | Oct $(x)	把一个十进制数 x 转换为十六 | 八进制
	Asc(s)	返回字符串 s 中第一个字符的 ASCII 码
	Chr $(x)	返回以 x 值为 ASCII 码的字符
	Str $(x)	把 x 值转换为字符串
	Val(s)	把 s 值转换为一个数值型值
	…	
其他函数	TypeName(e)	返回表达式 e 的类型名称
	CurDir()	返回当前目录路径
	InputBox(s) | MsgBox(s1,n,s2)	显示信息框
	Iif(b,e1,e2)	b 为 True 时返回 e1,否则返回 e2
	Rnd[(x)]	产生一个 0~1 之间的单精度随机数
	…	

使用函数要注意三个要素：

函数名及调用格式、自变量及其含义、返回值及其类型。

2. 立即窗口的操作

可以在"立即"窗口中使用赋值语句来为变量赋值，也可以使用"？"或"Print"方法来显示表达式（常量、变量和函数也视为表达式）的值。

例如，在"立即"窗口输入：? 1>2 及回车，会立即显示结果 False（如图 5-1）。

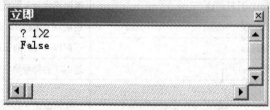

图 5-1　立即窗口

注意　如果"立即"窗口不见了，可以通过如下菜单操作将其显示出来：

【视图 | 立即窗口】

实验内容

1. 在立即窗口验证如下函数的功能，并注意功能相近函数的区别

（1）Int(x),Fix(x),Abs(x),Sqr(x),Exp(x) 和 log(x)

（2）Ltrim(s),Rtrim(s),Trim(s),Left(s,n),Right(s,n),Mid $(s,p,n) 和 Instr(s1,s2)

（3）Len(v) 和 LenB(v)

2. 设计一个满足下列要求的程序

(1) 在窗体加载时,在"立即"窗口中显示系统日期和时间。显示格式为:

XXXX 年 X 月 X 日－X 时 X 分 X 秒

(2) 单击窗体时,提示用户输入整数数据,并将用户输入的数据分别转换成十六进制和八进制数,然后将输入数据和转换结果显示在程序窗口中。显示格式为:

输入数据　十六进制数　八进制数

(3) 关闭窗体时,用消息框显示系统日期和时间,显示格式同(1)。

提示

(1) 语句"Debug. Print x"可以把 x 的值显示在"立即"窗口;

(2) 本题将用到下列函数:

Now, Year(), Month(), Day(), Hour(), Minute(), Second(), Hex(), Oct(), In-putBox(), MsgBox()。

(3) 在窗体的 Load 事件中编写完成要求(1)的代码:

```
Dim dt As Date
Dim s As String
dt = Now
s = Year(dt) & "年" & Month(dt) & "月" & Day(dt) & "日—" & _
    Hour(dt) & "时" & Minute(dt) & "分" & Second(dt) & "秒"
Debug. Print s
```

在窗体的 Click 事件中编写完成要求(2)的代码:

```
Dim a%, b$, c$
a = InputBox("请输入一个整数", "提示")
b = Hex(a)
c = Oct(a)
Me. Print a, b, c
```

在窗体的 Unload 事件中编写完成要求(3)的代码:

```
Dim dt As Date
Dim s As String
dt = Now
s = Year(dt) & "年" & Month(dt) & "月" & Day(dt) & "日—" & _
    Hour(dt) & "时" & Minute(dt) & "分" & Second(dt) & "秒"
MsgBox s
```

3. 编写程序或者在"立即"窗口检验 MsgBox 函数的按钮和图标参数即返回值

4. 编写程序或者在"立即"窗口检验其他你还不太明白的函数(比如 Rnd)

5. 打开第 2 题建立的工程，然后完成下列操作

（1）打开代码窗口，然后分别单击水平滚动条左端的"全模块查看"工具按钮（）和"查看过程"工具按钮（），注意代码窗口中内容的变化，从这些变化中体会"全模块查看"和"查看过程"的含义。

（2）检查"编辑"工具栏中的两个工具按钮（）的功能。

提示 菜单操作【视图|工具栏|编辑】可以显示/隐藏"编辑"工具栏。"编辑"工具栏显示出来后，选中一段代码，单击，看一看该段代码有何变化，然后再选中该段代码，单击，看一看该段代码有何变化。

实验6 分支结构程序设计

实验目的

- 掌握逻辑表达式的书写规则
- 掌握 If 语句的使用方法
- 掌握 Select Case 语句的使用方法及与 If 语句的区别
- 掌握 Iif、Choose、Switch 函数的功能和用法

相关知识

1. IF 语句的语法格式和功能

(1) 单分支 If—Then 语句格式：

If 条件 Then

   语句块

End If

或者

   If 条件 Then 语句

该选择结构的功能是：根据条件是否成立来决定是否执行语句[块]。

(2) 双分支 If—Then—Else 语句格式：

If 条件 Then

   语句块1

Else

   语句块2

End If

或者

   If 条件 Then 语句1 Else 语句2

该选择结构的功能是：从语句块1和语句块2中选择一个执行。

(3) 多分支 If—Then—ElseIf 语句格式：

If 条件1 Then

   语句块1

ElseIf 条件2 Then

   语句块2

…

ElseIf 条件 n Then
    语句块 n
[Else
    语句块 n+1]
End If
该选择结构的功能是：从 n+1 个语句块中选择一个执行。具体执行过程是：
检查条件 1,若成立,则执行语句块 1
否则检查条件 2,成立,则执行语句块 2
…
否则检查条件 n,成立,则执行语句块 n
否则,执行语句块 n+1(如果有的话)

2. Select 语句的语法格式和功能

Select Case 测试表达式
Case 取值情况 1
    语句块 1
Case 取值情况 2
    语句块 2
…
[Case Else
    语句块 n+1]
End Select
该结构的功能,是从 n+1 个语句块中选择一个执行。具体执行过程是：
检查测试表达式的值,若属于取值情况 1,则执行语句块 1；
否则,检查测试表达式的值是否属于取值情况 2,若是,则执行语句块 2；
…；
否则,检查测试表达式的值是否属于取值情况 n,若是,则执行语句块 n；
否则,执行语句块 n+1(如果有的话)。

3. Iif,Choose,Switch 函数的语法格式和功能

Iif(b,e1,e2)
当 b 为 True 时返回 e1,否则返回 e2。
Choose(N,e1,e2,…,en)
当 N 为 1 时返回 e1,为 2 时返回 e2,…。
Switch(L1,e1[,L2,e2,…])
当 L1 为 True 时返回 e1,L2 为 True 时返回 e2,…。

实验内容

1. 新建工程,加深对分支结构的理解

新建一个工程,依次将下列程序输入在窗体的 Click 事件中,并按指定要求运行,分析输出结果,总结 IF 语句对程序执行流程的控制作用,加深对分支结构的理解:

(1)

```
Dim x%
Me. Cls 清除屏幕
x = InputBox("X=")
Me. Print "@ @ @ @ @"
If x > 0 Then Me. Print "+ + + + +"
Me. Print "# # # # #"
```

分别以 10 和 −10 作为输入数据运行该程序。

注意到了吗,输入 −10 时,Me. Print "+ + + + +"没有被执行。

(2)

```
Dim x%
Me. Cls 清除屏幕
x = InputBox("X=")
Me. Print "@ @ @ @ @"
If x > 0 Then
    Me. Print "+ + + + +"
End If
Me. Print "# # # # #"
```

分别以 10 和 −10 作为输入数据运行该程序。

注意到了吗,输入 −10 时,Me. Print "+ + + + +"没有被执行。

(3)

```
Dim x%
Me. Cls 清除屏幕
x = InputBox("X=")
Me. Print "@ @ @ @ @"
If x > 0 Then Me. Print "+ + + + +" Else Me. Print "− − − − −"
Me. Print "# # # # #"
```

分别以 1 和 −1 作为输入数据运行该程序,根据输出结果,体会 IF−THEN−ELSE 语句的控制作用。

(4)

```
Dim x%
Me. Cls 清除屏幕
```

```
x = InputBox("X=")
Me. Print "@ @ @ @ @"
If x > 0 Then
   Me. Print "+ + + + +"
   Me. Print "1 1 1 1 1"
Else
   Me. Print "— — — — —"
   Me. Print "2 2 2 2 2"
End If
Me. Print "# # # # #"
```

分别以 1 和 −1 作为输入数据运行该程序,根据输出结果,体会 IF−THEN−ELSE−END IF 语句的控制作用。

2. 仿照上题设计

仿照上题分别设计可以检测 If−ElseIf−End If 结构和 Select Case−End Select 结构中语句块执行情况的程序。

3. 编写根据以下公式计算 y 值的程序

$$y = \begin{cases} x & 0 < x < 100 \\ 0.9x & 100 \leqslant x < 200 \\ 0.8x & 200 \leqslant x < 300 \\ 0.7x & 300 \leqslant x \end{cases}$$

要求:

(1) 程序在窗体的 Click 事件中执行,x 由键盘输入,结果显示在窗口中;

(2) 分别用 If−ElseIf−End If 结构和 SelectCase−EndSelect 结构实现计算 y 的功能;

(3) 分别用 Iif、Choose、Switch 函数实现计算 y 的功能。

4. 打开第 3 题建立的工程,然后完成下列操作

打开 VB 环境的"选项"对话框(【工具|选项】),改变"可连接的"页面中的"属性窗口"、"工程资源管理器"和"工具箱"的设置状态,然后拖这些窗口到 VB 主窗口的中间(不靠边界)、边界放下,看看有何现象。直到了解这些窗口"可连接的"的属性意义为止。

实验 7　循环结构程序设计

实验目的

- 掌握 While 语句的使用方法
- 掌握 For 语句的使用方法
- 掌握 Do 语句各种形式的使用方法

相关知识

1. While—Wend 语句的语法格式和功能

WHILE 条件

　语句块，称为循环体

WEND

功能：当条件为真时，重复执行循环体。

2. For—Next 语句的语法格式和功能

（1）For—To—Step 语句

　FOR X＝A TO B[STEP C]

　语句块 '循环体

　NEXT X

功能：使循环体重复执行 N＝INT((B−A)/C)+1 次。

　循环参数决定循环次数：

　C＞0：A＜＝B 循环 N 次，A＞B 不循环；

　C＜0：A＞＝B 循环 N 次，A＜B 不循环；

　C＝0：A＜＝B 死循环，A＞B 不循环。

（2）For—Each—In 语句

For Each i In A

　语句块 '循环体

Next i

功能：对 A 中的每一个元素执行一次循环体。

3. Do—Loop 语句的语法格式和功能

（1）判断在前的 DO—LOOP 结构

DO WHILE 条件 　　循环体 LOOP	或者	DO UNTIL 条件 　　循环体 LOOP

功能：

第一种形式，与 WHILE/ WEND 结构完全相同。

第二种形式，与 WHILE/ WEND 结构类似，只是结束循环的条件与前者恰好相反。

（2）判断在后的 DO—LOOP 结构

DO 　　循环体 LOOP UNTIL 条件	或者	DO 　　循环体 LOOP WHILE 条件

功能：

第一种形式，重复执行循环体，直到条件为真时结束循环。

第二种形式，重复执行循环体，直到条件为假时结束循环。

4. Exit For，Exit Do 语句

Exit 语句的功能是，跳出当前的循环结构（即结束当前循环的执行）。

实验内容

1. While 语句对程序执行流程的控制作用

新建一个工程，依次将下列程序输入在窗体的 Click 事件中，并按指定要求运行，分析输出结果，总结 While 语句对程序执行流程的控制作用：

（1）

```
Dim x%,s%
Me. Cls 清除屏幕
Me. Print "－－－－－"
x = InputBox("X=")
While x<>0
  s=s+x
  Me. Print "x=";x,"s=";s
  x = InputBox("X=")
Wend
Me. Print "＃＃＃＃＃"
```

运行程序，依次输入 1,3,5,7,0，注意输出结果。

再次运行程序，输入 0，注意输出结果。

（2）

```
Dim a, b, c, n, t1, t2
```

```
Me. Cls ´ 清除屏幕
Me. Print "— — — — —"
a = 1；b = 10；c = 2
For n = a To b Step c
    t1 = n * 2
    t2 = n ^ 2
    Me. Print n, t1, t2
Next n
Me. Print "＃ ＃ ＃ ＃ ＃"
Me. Print "n＝"; n
```

运行该程序,根据输出结果,体会 FOR—NEXT 语句的控制作用。

修改程序中 a,b,c 的值,使得 a<b,c=0,再运行,注意输出结果;

修改程序中 a,b,c 的值,使得 a<b,c<0,再运行,注意输出结果;

修改程序中 a,b,c 的值,使得 a=b,c>0,再运行,注意输出结果;

修改程序中 a,b,c 的值,使得 a=b,c=0,再运行,注意输出结果;

修改程序中 a,b,c 的值,使得 a=b,c<0,再运行,注意输出结果;

修改程序中 a,b,c 的值,使得 a>b,c>0,再运行,注意输出结果;

修改程序中 a,b,c 的值,使得 a>b,c=0,再运行,注意输出结果;

修改程序中 a,b,c 的值,使得 a>b,c<0,再运行,注意输出结果。

通过以上各种情况的运行结果,总结 For—To—Step 语句的参数 a,b,c 对循环次数的影响。

2. 仿照上题分别设计检测各种 Do—Loop 结构的循环体的执行情况的程序

3. 编写程序寻求答案

已知珠穆朗玛峰的高度为 8848 米,假如有一张厚度为 0.1 毫米的纸可以任意对折,问对折多少次之后其厚度将超过珠穆朗玛峰的高度?

编写程序寻求答案,要求:

(1) 分别用 While—Wend 结构、For—To—Step 结构和 Do—Loop 结构实现;

(2) 程序的运行界面如图 7-1 所示。

4. 打开第 3 题建立的工程,完成下列操作

(1) 检查“编辑”工具栏中的两个工具按钮(　　　)的功能。

提示　菜单操作【视图|工具栏|编辑】可以显示/隐藏“编辑”工具栏。

“编辑”工具栏显示出来后,选中一段代码,单击　，看看该段代码有何变化,然后再选中该段代码,单击　，看一看该段代码有何变化。重复以上操作,直到了解这两个工具按钮的

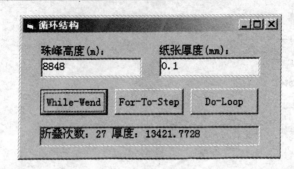

图 7-1 3题程序的运行界面

作用为止。

(2) 改变"选项"对话框中"编辑"页面里的"Tab 宽度"值(比如改为 4),然后再做一遍(1)。

实验 8　数　组

实验目的

- 掌握数组的声明、数组元素的引用方法
- 运用数组解决与数组有关的常用算法问题

相关知识

1. 数组的定义

定义一维数组：
Dim 数组名(下标上界) As 类型
Dim 数组名(下标下界 to 下标上界) As 类型
定义二维数组：
Dim 数组名(下标1上界,下标2上界) As 类型
Dim 数组名(下标1下界 To 下标1上界,下标2下界 To 下标2上界) As 类型
定义动态数组：
Dim 数组名() as 类型
ReDim 数组名(维数定义)

2. 数组元素的引用

引用一维数组的元素：
数组名(下标)
引用二维数组的元素：
数组名(下标1,下标2)

实验内容

1. 先阅读下列程序,预计其输出结果,然后新建一个工程,将该程序输入在窗体的 Click 事件中,运行一下看是否和自己预期的结果一样。

(1)
```
Dim a(1 To 10) As Integer, i%
Me. Cls
```

```
For i = 1 To 10
   a(i) = 2 * i - 1
Next i
For i = 10 To 1 Step -1
   Me. Print a(i);
Next i
(2)
Dim a(1 To 10) As Integer
Dim i%, k%, n%, f As Boolean
Me. Cls
i = 1
n = 2
a(i) = n
While i < 10
   n = n + 1
   f = True
   For k = 2 To n - 1
      If n / k = n   k Then f = False
   Next k
   If f = True Then
      i = i + 1
      a(i) = n
   End If
Wend
For i = 1 To 10
   Me. Print a(i);
Next i
Me. Print
(3)
Dim n(0 To 1) As Integer
Dim i%, k%, x%
Me. Cls
n(0) = 0
n(1) = 0
For i = 1 To 10
   x = Int(Rnd * 100) + 1
   Me. Print x;
   k = x Mod 2
   n(k) = n(k) + 1
```

Next i
Me. Print
Me. Print n(0)，n(1)

2. 有 10 个学生的某门课程的成绩，计算并输出最好成绩、最差成绩、平均成绩以及超过平均成绩的那些学生的成绩。

3. 产生 10 个 100 以内的随机整数，将其按从小到大的顺序排序。

　　要求：显示原始数据、每一趟之后的情况以及最后的排序结果。

4. 产生 10 个递增的随机整数，然后用对分法查找指定的值。

*5. 试试能否写出输出下面图案的程序：

提示　可以用一个 9×9 的字符串数组来存放这些符号。

实验 9 过 程

实验目的

- 掌握函数过程和子程序过程的定义与调用的方法
- 掌握形参和实参的对应关系及参数传递的方式
- 掌握变量的作用域
- 掌握递归的概念和使用方法
- 熟悉程序设计中的常用算法

相关知识

1. 自定义过程的语法格式

(1) 函数过程的格式：

［Private|Public］［Static］Function 函数名(［参数表］)［As 类型］

　　语句块

　　函数名＝表达式

［Exit Function

　　语句块

　　函数名＝表达式］

End Function

(2) 子程序过程的格式：

［Private|Public］［Static］Sub 过程名(［参数表］)

　　语句块

［Exit Sub

　　语句块］

End Sub

2. 过程的定义(即建立过程)

(1) 使用菜单定义。

打开代码编辑窗口

➡【工具|添加过程】

➡填写"添加过程"对话框,然后单击"确定"

➡输入过程体代码

（2）在代码编辑窗口直接定义。

打开代码编辑窗口

➡置插入点于任何已经存在的过程之外

➡输入定义过程的代码

3. 过程的调用

（1）函数过程的调用。

同标准函数。

（2）子程序过程的调用。

有两种格式：

Call 过程名（[参数表]）

或者

过程名 [参数表]

4. 参数传递

调用者与被调用者之间的数据传递有两种方式：传址方式与传值方式。

（1）传址方式。

其作用是实现数据的双向传递。

传址方式的实现方法：形参说明时参数名前不带关键词 ByVal（或者带 ByRef）；调用语句中以变量作为实参。

（2）传值方式。

其作用是实现数据从调用者到被调用者的单向传递。

传值方式的实现方法：形参说明时参数名前带关键词 ByVal（调用语句中的实参无要求）。

5. 过程和变量的作用域

（1）过程的作用域。

窗体/模块级过程：加 Private 关键字的过程。只能被定义的窗体或模块中的过程调用。

全局级过程：加 Public 关键字（缺省）的过程。可供该应用程序的所有窗体和标准模块中的过程调用。

（2）变量的作用域。

局部变量：在过程内部声明的变量。作用域为定义该变量的过程。

窗体/模块级变量：在"通用/声明"段或者标准模块中用 Dim 语句或用 Private 语句声明的变量。作用域为定义该变量的窗体/模块。

全局变量：在标准模块或者窗体模块的"通用/声明"段中用 Public 语句声明的变量。作用域为整个应用程序。

实验内容

1）下面的函数过程 IsPrime 功能是判断 n 是否为素数，是则返回 True，否则返回 False。

建立一个工程,把函数过程 IsPrime 添加到工程中(即在工程中定义该过程),然后写一个程序,通过调用本过程,找出 100~200 之间的所有素数。

要求:

(1) 自己编写的程序输入在窗体的 Click 事件中;

(2) 结果显示在窗口中。

```
Private Function IsPrime(ByVal n As Long) As Boolean
    Dim i As Long, f As Boolean
    f = True
    For i = 2 To Sqr(n)
        If n / i = n   i Then
            f = False
            Exit For
        End If
    Next i
    IsPrime = f
End Function
```

2) 下面的两个子程序过程(Swap1 和 Swap2)都是希望能将 x 和 y 的值进行交换。请先判断哪一个能够实现预期的功能,哪一个不能,解释为什么,然后编写一个程序来验证自己的判断。

(1)

```
Private Sub Swap1(x As Single, y As Single)
    Dim temp As Single
    t = x
    x = y
    y = t
End Sub
```

(2)

```
Private Sub Swap2(ByVal x As Single, ByVal y As Single)
    Dim temp As Single
    t = x
    x = y
    y = t
End Sub
```

3) 下面的函数过程 Max 的功能是返回数组 a 中的最大值。建立一个工程,把函数过程 Max 添加到工程中,然后写一个验证该函数过程功能的程序。

提示

(1) 验证该函数过程功能的程序可以写在窗体的 Click 事件中;

(2) 数组中的数据可以通过随机函数产生。

```
Private Function Max(a() As Integer) As Integer
```

```
Dim L As Integer，U As Integer
Dim i As Integer，m As Integer
L = LBound(a)
U = UBound(a)
m = a(L)
For i = L + 1 To U
    If a(i) > m Then m = a(i)
Next i
Max = m
End Function
```

4）编写子程序过程 mma 用来求一个数组的最大元素、最小元素和平均值。

要求：

(1) 在窗体的 Click 事件中调用过程 mma；

(2) 数组中的数据可以通过随机函数产生。

5）阅读如图 9-1 所示程序，分析单击窗体时程序的输出结果。然后在机器上验证自己的分析结果。

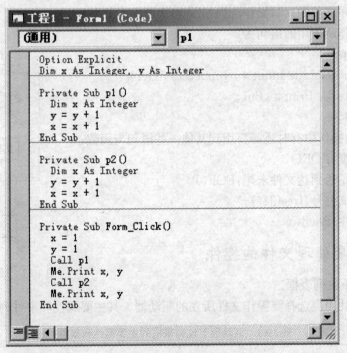

图 9-1 程序代码

6）验证教材中的递归过程。

实验 10　数据文件

实验目的

- 掌握文件操作方法
- 掌握驱动器列表框、目录列表框、文件列表框控件的基本用法
- 掌握文件系统控件的编程方法

相关知识

1. 数据文件操作的基本流程

数据文件顺序文件的读写操作流程如图 10-1 所示。

其中各种操作所使用的语句为：

打开文件：Open

读数据：Input＃，Line Input＃，Input＄()，Get＃

写数据：Write＃，Print＃，Put＃

关闭文件：Close

此外，在文件操作中有时还需要用到其他一些语句与函数：

测文件的长度：LOF()

测文件指针是否到达文件末尾：EOF()

产生可用的文件号：freefile()

调用其他程序：Shell()

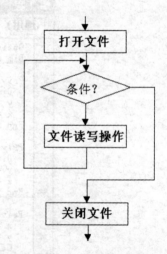

图 10-1　顺序文件的读写流程

2. 用于选择要处理文件的控件

(1) 驱动器下拉列表框。

该控件用来让用户选择要操作文件所在的驱动器。其主要属性和事件列于表 10-1：

表 10-1　驱动器下拉列表框的主要属性和事件

属性/事件	名称	意义/触发条件
属性	Drive	设置/返回所选定的驱动器。该属性只能在程序中读写。
	ListCount	驱动器个数
	List(i)	第 i 个驱动器的盘符和卷标
事件	Change	Drive 属性值改变时触发

(2) 目录列表框。

178

该控件用来让用户选择要操作文件所在的目录。其主要属性和事件列于表 10-2：

表 10-2　目录列表框的主要属性和事件

属性/事件	名称	意义/触发条件
属性	Path	设置/返回所选定的目录路径。该属性只能在程序中读写。
	ListCount	目录个数
	List(i)	第 i 个目录路径
事件	Change	Path 属性值改变时触发

（3）文件列表框控件。

该控件用来让用户选择要操作的文件。其主要属性和事件列于表 10-3：

表 10-3　文件列表框的主要属性和事件

属性/事件	名称	意义/触发条件
属性	Path	文件所属的目录路径
	Pattern	指定显示的文件类型。例如：File1. Pattern=" ＊. txt；＊. bas"
	FileName	返回选定的文件名(不含路径)
	MultiSelect	可否多选，及如何多选
	ListCount	文件个数
	List(i)	第 i 个文件的文件名
	Selected(i)	第 i 个文件是否被选中
事件	Click	单击触发
	DblClick	双击触发

（4）共用对话框。

（略）

实验内容

1）设计一个检验驱动器列表框、目录列表框和文件列表框控件的主要属性和事件的程序。

要求程序界面如图 10-2 所示。

单击某按钮时，就将该按钮标题所示的内容显示在列表框(List1)中。

实现步骤

（1）创建一个工程。

（操作略）

（2）设计界面。

由图 10-2 可知，需要在窗体中放置一个驱动器列表框、一个目录列表框、一个文件列表框、6 个命令按钮和一个列表框(工具箱中的图标)。并按表 10-4 设置窗体和控件的有关属性：

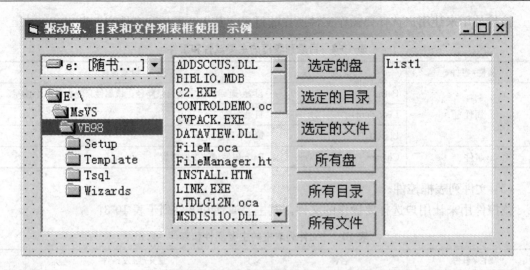

图 10-2　实习题 1 的设计界面

表 10-4　窗体和控件的有关属性的设置值

窗体或控件	属性	设置值	说明
窗体	Name(名称)	frm1001	
	Caption	驱动器、目录和文件列表框使用示例	
6 个 命令按钮	Name(名称)	cmdDisk,cmdDir,cmdFile,cmdDisks,cmdDirs,cmdFiles	
	Caption	参见图 10-2	
文件列表框	Name(名称)	file1(默认)	允许多选
	MultiSelect	2(Extended)	
其他控件	取默认值		

(3) 编写代码。

① 驱动器列表框的 Change 事件代码：

Private Sub Drive1_Change()

　　Dir1. Path = Drive1. Drive

End Sub

② 目录列表框的 Change 事件代码：

Private Sub Dir1_Change()

　　File1. Path = Dir1. Path

End Sub

③ "选定的盘"按钮的 Click 事件代码：

Private Sub cmdDisk_Click()

　　List1. Clear

　　List1. AddItem Drive1. Drive

End Sub

④ "选定的目录"按钮的 Click 事件代码：

Private Sub cmdDir_Click()

```
    List1. Clear
    List1. AddItem Dir1. Path
End Sub
```

⑤ "选定的文件"按钮的 Click 事件代码：

```
Private Sub cmdFile_Click()
    Dim i
    List1. Clear
    For i = 0 To File1. ListCount — 1
        If File1. Selected(i) Then
            List1. AddItem File1. List(i)
        End If
    Next i
End Sub
```

⑥ "所有盘"按钮的 Click 事件代码：

```
Private Sub cmdDisks_Click()
    Dim i
    List1. Clear
    For i = 0 To Drive1. ListCount — 1
        List1. AddItem Drive1. List(i)
    Next i
End Sub
```

⑦ "所有目录"按钮的 Click 事件代码：

```
Private Sub cmdDirs_Click()
    Dim i
    List1. Clear
    For i = 0 To Dir1. ListCount — 1
        List1. AddItem Dir1. List(i)
    Next i
End Sub
```

⑧ "所有文件"按钮的 Click 事件代码：

```
Private Sub cmdFiles_Click()
    Dim i
    List1. Clear
    For i = 0 To File1. ListCount — 1
        List1. AddItem File1. List(i)
    Next i
End Sub
```

（4）保存工程并运行。

2）验证教材上的例题。

实验 11　基本控件(一)

实验目的

- 掌握标签、文本框、命令按钮、复选框、单选按钮及框架等控件的常用属性、事件和方法
- 掌握使用这些控件编写解决实际问题的方法

相关知识

1. 标签、文本框和命令按钮的作用及常用属性、事件和方法

（参见实验 3）

2. 单选按钮的作用及常用属性、事件和方法

该控件用来列出若干个互斥的功能特性让用户选择（同一容器中的单选按钮只能有一个被选中）。其主要属性和事件列于表 11-1。

表 11-1　单选按钮的常用属性、事件和方法

属性/事件	名称	意义/触发条件
属性	Caption	标题
	Alignment	标题位置
	Value	是否被选中（True|False）
	Enabled	是否可用
	Style	0|1(标准|图形)
	Picture	指定未选定时的图片
	DownPicture	指定选定时的图片
	DisabledPicture	指定禁用时的图片
事件	Click	单击时触发
方法	很少使用	

3. 复选框(检查框)的的作用及常用属性、事件和方法

该控件用来列出若干个相容的功能特性让用户选择（同一容器中的复选框可以有任意多个被选中）。其主要属性和事件列于表 11-2。

表 11-2　复选框的常用属性、事件和方法

属性/事件	名称	意义/触发条件
属性	Caption	标题
	Alignment	标题位置
	Value	0|1|2（未选|选中|灰）
	Enabled	是否可用
	Style	0|1（标准|图形）
	Picture	指定未选定时的图片
	DownPicture	指定选定时的图片
	DisabledPicture	指定禁用时的图片
事件	Click	单击时触发
方法	很少使用	

4. 框架的作用及常用属性、事件和方法

框架控件是一个容器，其作用是把其他控件组织在一起形成控件集。这样，当框架移动、隐藏时，其内的控件也相应移动、隐藏。框架的主要属性和事件列于表 11-3：

表 11-3　框架的常用属性、事件和方法

属性/事件	名称	意义/触发条件
属性	Caption	标题
	Enabled	是否可用
	Visible	是否可见
事件	Click	单击时触发
方法	很少使用	

注：将控件放入框架内的方法：

方法 1：单击工具箱上的工具，然后在框架中拖画出适当大小的控件。

方法 2：将控件"剪切"到剪贴板，然后选中框架并执行粘贴操作（Ctrl＋V）。

实验内容

1. 设计程序

设计一个用于检验标签、文本框、命令按钮、复选框、单选按钮及框架等控件的常用属性、事件的程序

要求程序的设计界面如图 11-1 所示。

其中，"字体"、"颜色"和"修饰"是对文本框中文字的设置，要求单击"确定"按钮时，使这些设置生效。

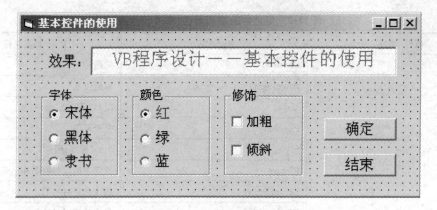

图 11-1　实习题 1 的设计界面

实现步骤

（1）创建一个工程。

（操作略）

（2）设计界面。

由上图可知，需要在窗体中放置一个文标签、一个文本框、三个框架、六个单选按钮（"字体"和"颜色"框架中各放三个）、两个复选框（放在"修饰"框架中）和两个命令按钮。并按照下表设置窗体和控件的有关属性（字体、大小等属性的设置情况省略）：

表 11-4　窗体和控件有关属性的设置值

窗体或控件	属性	设置值
窗体	Name（名称）	Frm1101
	Caption	基本控件的使用
3 个框架	Name（名称）	Frame1，Frame2，Frame2（默认）
	Caption	字体，颜色，修饰
6 个单选按钮	Name（名称）	optSong，optHei，optLiShu，optRed，optGreen，optBlue
	Caption	宋体，黑体，隶书，红，绿，蓝
2 个复选框	Name（名称）	chkB，chkI
	Caption	加粗，倾斜
2 个命令按钮	Name（名称）	cmdOK，cmdCancel
	Caption	确定，取消
标签	Name（名称）	Label1（默认）
	Caption	效果：
文本框	Name（名称）	txtVB
	Text	VB 程序设计——基本控件的使用

（3）编写代码。

① "确定"命令按钮的 Click 事件代码：

```
Private Sub cmdOk_Click()
txtVB. FontName = Switch(optSong，"宋体"，optHei，"黑体"，optLiShu，"隶书")
```

txtVB. ForeColor = Switch(optRed，vbRed，optGreen，vbGreen，optBlue，vbBlue)

txtVB. Font. Bold = Choose(chkB. Value + 1，False，True，txtVB. Font. Bold)

txtVB. Font. Italic = Choose(chkI. Value + 1，False，True，txtVB. Font. Italic)

End Sub

② "取消"命令按钮的 Click 事件代码：

Private Sub cmdCancel_Click()

　　Unload Me

End Sub

(4) 保存工程并运行。

试试将"字体"与"颜色"框架中的单选按钮移到窗体中会是什么情况。

2. 编写一个程序，检测输入的一个年份是否为闰年

程序设计界面如图 11-2 所示。

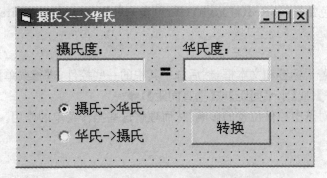

图 11-2　实习题 2 的设计界面

要求：输入年份并打回车键时执行判断操作。

提示：可在"年份"文本框的 KeyPress 事件中判断输入的字符是否为回车键(KeyAscii = 13)。

3. 编写一个程序，进行摄氏温度与华氏温度转换

程序设计界面如图 11-3 所示：

图 11-3　实习题 3 的设计界面

要求：

(1) 当"摄氏—>华氏"选中时，"华氏度"文本框不能输入；而当"华氏—>摄氏"选中时，"摄氏度"文本框不能输入；

(2)"转换"按钮仅当相应的文本框中有数据时方为可用；

(3)单击"转换"按钮时，执行转换操作。

提示：

(1)在单选按钮的 Click 事件中更改文本框的 Locked 属性；

(2)在文本框的 Change 事件中更改命令按钮的 Enabled 属性。

4.猜数游戏

程序设计界面如图 11-4 所示。

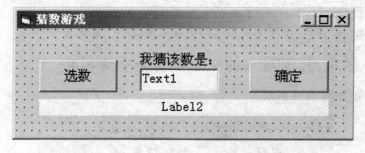

图 11-4 实习题 4 的设计界面

要求：

(1)单击"选数"按钮时，计算机产生一个 0~1023 之间的一个随机整数，并且在标签"Label2"中显示信息："我有一个数，在 0~1023 之间，你猜猜它是几？"；

(2)用户将自己的猜测输入在文本框"Text1"中；

(3)单击"确定"按钮时，计算机根据回答情况，使标签"Label2"有适当的变化：

如果回答正确，则显示信息："恭喜你，猜对了！你一共猜了 X 次。"，黄底红字；

如果回答的数大了，则显示信息："真冒进！太大啦！"，红底黄字；

如果回答的数小了，则显示信息："太保守！小了点！"，蓝底白字。

提示

(1)声明两个模块级变量，一个用来保存计算机所选的数，另一个用来记录猜数的次数；

(2)相关的颜色常量：vbRed(红)，vbYellow(黄)，vbBlue(蓝)，vbWhite(白)。

5.新建一个工程

在窗体中添加若干标签和文本框，然后选中其中的一些控件，进行菜单操作：

【格式】➡【对齐】(或【水平间距】或【垂直间距】)➡…

注意这些操作对选中控件位置的影响，从而理解这些操作菜单的作用。

实验 12　基本控件(二)

实验目的

- 掌握列表框、组合列表框和滚动条等控件的常用属性、事件和方法
- 掌握使用这些控件编写解决实际问题的方法

相关知识

1. 列表框的作用及常用属性、事件和方法

列表框是用来列出一些项目让用户选择输入的。其主要属性和事件列于表 12-1：

表 12-1　列表框的主要属性和事件

属性/事件	名称	意义/触发条件	说明
属性	List(I)	列表框中的第 I 项(I=0,1,…)	
	ListIndex	选中项的索引号	
	ListCount	列表框中元素的个数	
	Selected(I)	第 I 项是否被选中	
	MultiSelect	是否可选多个及如何选择	
	Sorted	否按字母顺序排列项目	
	Text	被选中项的文本内容	
事件	Click	单击时触发	
方法	AddItem	添加一项	格式：AddItem item[,index]
	RemoveItem	删除一项	格式：RemoveItem index
	Clear	清空列表框	格式：Clear

2. 组合框的作用及常用属性、事件和方法

组合框类似于文本框和列表框的功能结合。其属性、事件和方法与列表框类似,不再重述。

组合框有三种不同的组合样式,由其 Style 属性决定：

0——下拉组合框:既可选择也可输入;

1——简单组合框:同上,但无下拉按钮;

2——下拉列表框:只能选择,不能输入。

3. 滚动条的作用及常用属性、事件和方法

滚动条有水平滚动条(HScrollBar)和垂直滚动条(VScrollBar)两种,通常用于辅助浏览内容、确定位置以及输入数据等。其主要属性和事件列于表 12-2:

表 12-2 滚动条的主要属性和事件

属性/事件	名称	意义/触发条件
属性	Max	最大值
	Min	最小值
	SmallChange	最小变动值(单击箭头时移动的增量值)
	LargeChange	最大变动值(单击空白处时移动的增量值)
	Value	滑块所处位置所代表的值
事件	Change	单击或者滚动条的 Value 属性值改变时触发
	Scroll	拖动滚动块时触发

实验内容

1. 编写一个程序,判断从 2~1000 之间选定的一个数是否为素数

程序设计界面如图 12-1 所示。

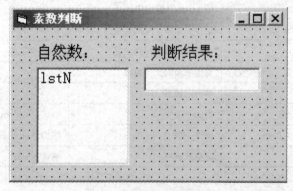

图 12-1 实习题 1 的设计界面

要求:列表框(lstN)中列出 2~1000 之间的自然数,当选中其中的一个数时,在右边的标签(通过设置 BackColor 和 BorderStyle 属性获得这种效果)中给出判断结果。

2. 对于上题,改用组合框替代列表框来实现

3. 编写查询学生人数的程序

有一个名为 XSRS. txt 的文本文件(顺序文件),其记录格式为:

学院名称 1，　　　　学生人数 1

学院名称 2，　　　　学生人数 2

…　　　　　　　　　…

学院名称 n，　　　　学生人数 n

请编写一个能够查询指定学院的学生人数的程序。程序设计界面如图 12-2 所示。

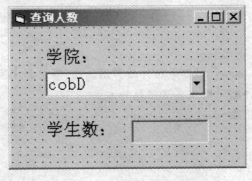

图 12-2　实习题 3 的设计界面

提示

（1）使用两个数组来分别存放学院名称和学生人数；

（2）在窗体的 Load 事件中将文件的内容读到数组中，并且将学院名称放到组合框中。

4. 编写一个演示调色情况的程序

程序设计界面如图 12-3 所示：

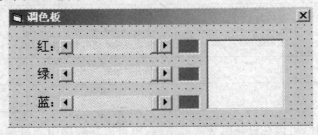

图 12-3　实习题 4 的设计界面

提示

（1）各滚动条的 Min 和 Max 属性值均分别设置为 0 和 255；

（2）各滚动条右端的小标签的颜色，由相应滚动条的 Value 值决定，大标签的颜色由三个滚动条的 Value 值共同决定；

（3）颜色函数 RGB(Red，Green，Blue)返回由红绿蓝(Red，Green，Blue)三原色调和出的颜色(值)。

5. 更改"窗体网格设置"框架中的有关设置

新建一个工程，在窗体中添加若干个控件，然后打开"选项"对话框(【工具 | 选项】)的"通用"页面，对"窗体网格设置"框架中的有关设置情况进行更改，注意这些操作对窗体的影响，从而理解这些操作菜单的作用。

实验 13   基本控件(三)

实验目的

- 掌握图片框、图像框和计时器等控件的常用属性、事件和方法
- 掌握使用这些控件编写解决实际问题的方法
- 掌握控件数组的用法

相关知识

1. 图片框的作用及常用属性、事件和方法

图片框主要用来显示图片、绘制图形,或作为容器存放其他控件。其主要属性和事件列于表 13-1:

表 13-1   图片框的主要属性和事件

属性/事件	名称	意义/触发条件	说明
属性	AutoSize	是否按图片大小自动调整	
	Picture	指定要显示的图形文件	
事件	Click	单击时触发	
方法			从略

图片框中的图片,可以在设计时放入或清除,也可以在程序中通过调用 LoadPicture 函数动态装入和清除:

图片框. Picture＝LoadPicture("文件名") '装入图片

图片框. Picture＝LoadPicture( ) '清除图片

图片框中的图片,也可以用 SavePicture 语句将其保存为文件(Bmp 格式):

SavePicture 图片框. Picture,"文件名"

其中,"文件名"可以包含盘负和路径。

2. 图像框的作用及常用属性、事件和方法

图像框主要用来显示图片(但不能作为容器)。其主要属性和事件列于表 13-2:

表 13-2　图像框的主要属性和事件

属性/事件	名称	意义/触发条件
属性	Stretch	为 True,调整图形大小以适应图像框; 为 False,调整图像框大小以适应图形。
	Picture	指定要显示的图形文件
事件	Click	单击时触发
方法	(从略)	

3. 计时器的作用及常用属性、事件和方法

计时器用来实现按一定时间间隔周期性执行的某种操作。其主要属性和事件列于表 13-3:

表 13-3　计时器的主要属性和事件

属性/事件	名称	意义/触发条件
属性	Enabled	决定时钟是否工作
	Interval	触发 Timer 事件的时间间隔(单位 ms) 0=屏蔽时钟(即不触发 Timer 事件)
事件	Timer	每隔 Interval 毫秒触发一次

4. 控件数组

控件数组由若干个同类型的控件组成,它具有如下特性:

(1) 控件数组中的控件共享一个控件名,用索引号(即 Index 属性值)来区分彼此。

(2) 控件数组中的控件共享同一个事件过程,事件代码中通过传入的索引号(Index)参数来区分该事件发生在哪一个控件上面。例如:

Private Sub cmdN_Click(Index As Integer)

　'...

　If Index=3 then

　'Index 属性为 3 的命令按钮事件代码

　End If

　'...

End Sub

控件数组元素可以在设计时静态建立,也可以在程序运行时动态添加。

设计时建立控件数组的操作方法:

(1) 添加第一个控件并设置有关属性;

(2) "复制"该控件,并"粘贴"若干次(第 1 次粘贴会有"要否建立控件数组"的提示);

(3) 设置控件数组各个元素的特别属性;

(4) 编程事件过程代码。

运行时添加控件数组元素的方法:

(1) 设计时建立第一个控件,并设置 Index 及其他有关属性;

(2) 编写事件处理过程(必要时);

(3) 在程序中创建其余元素(Load 语句)。

注意 Load 语句创建的控件是不可见的,且位置与第一个控件重叠。因此,创建后应设置 Visible、Left 等属性。

实验内容

1. 编写一个模拟掷骰子的程序

运行时界面如图 13-1 所示:

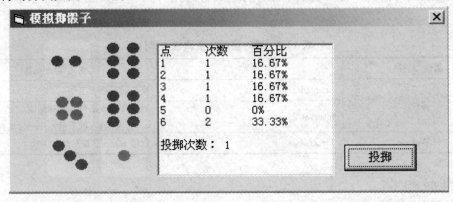

图 13-1 实习题 1 的运行时界面

假设表示骰子一面的六个图片文件名依次为 die1. gif~die6. gif。

提示

(1) 所用控件为 6 个图象框,1 个列表框(也可用文本框)和 1 个命令按钮;

(2) 用 7 个窗体级变量(或者在"投掷"按钮 Click 事件过程中定义静态变量)来统计投掷的次数(每次投掷 6 个骰子)以及骰子的各个面累计出现的次数;

(3) 一次投掷 6 个骰子可以通过一个循环 6 次的循环结构来完成,每次循环产生一个 1~6 之间的随机整数。

要求

(1) 不使用控件数组实现;

(2) 使用控件数组实现。

2. 编写一个动画程序

有表示月亮圆缺(如图 13-2)的 8 个图标文件(MOON01. ICO~MOON08. ICO,在 VB 所在的盘上有可能找到),编写一个演示月亮圆缺的动画程序。

图 13-2 月亮圆缺

要求

(1) 不使用控件数组实现；

(2) 使用控件数组实现。

3. 一个模拟指针式时钟的程序

运行界面如图 13-3 所示。

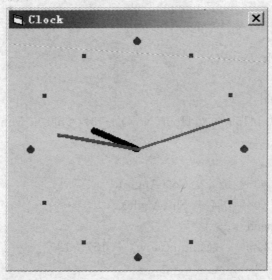

图 13-3　实习题 3 的运行时界面

下面是该程序的全部代码，请根据上述界面和这些代码来建立该程序。

```
Dim x0!, y0!
'上面语句在"通用/声明"段中
Private Sub Form_Load()
    Width = 4000
    Height = 4000
    x0 = Me. ScaleWidth / 2
    y0 = Me. ScaleHeight / 2
    Dim i, Angle
    For i = 1 To 11
        Load linClock(i)
        linClock(i). Visible = True
    Next i
    For i = 0 To 11
        If i Mod 3 = 0 Then
            linClock(i). BorderWidth = 8
        End If
        Angle = i * 30 * 3. 14159 / 180
```

```
            linClock(i). X1 = x0 + y0 * 0.9 * Cos(Angle)
            linClock(i). Y1 = y0 + y0 * 0.9 * Sin(Angle)
            linClock(i). X2 = x0 + y0 * 0.9 * Cos(Angle)
            linClock(i). Y2 = y0 + y0 * 0.9 * Sin(Angle)
        Next i
        tmrClock_Timer
    End Sub


    Private Sub tmrClock_Timer()
        Dim Angle
        ' Position hour hand
        Angle = 0.5 * 3.14159 * ((Hour(Now) - 3) * 60 + Minute(Now)) / 180
        linH. X1 = x0
        linH. Y1 = y0
        linH. X2 = x0 + y0 * 0.4 * Cos(Angle)
        linH. Y2 = y0 + y0 * 0.4 * Sin(Angle)
        ' Position minute hand
        Angle = 6 * 3.14159 * (Minute(Now) - 15) / 180
        linM. X1 = x0
        linM. Y1 = y0
        linM. X2 = y0 + y0 * 0.6 * Cos(Angle)
        linM. Y2 = y0 + y0 * 0.6 * Sin(Angle)
        ' Position second hand
        Angle = 6 * 3.14159 * (Second(Now) - 15) / 180
        linS. X1 = x0
        linS. Y1 = y0
        linS. X2 = x0 + y0 * 0.8 * Cos(Angle)
        linS. Y2 = y0 + y0 * 0.8 * Sin(Angle)
    End Sub
```

提示　注意使用哪些控件以及控件的名字（名称属性）。

实验 14 绘　图

实验目的

- 了解 VB 坐标系统的概念与特点
- 掌握在特定坐标系统中绘图的程序设计

相关知识

在 VB 中,窗体和图片框控件都有许多绘图方法,使用这些方法可以在窗体和图片框中绘图。要编写绘图程序,必须要掌握 VB 的坐标系统和窗体及图片框对象的绘图方法。

1. 坐标系统

每个容器都有一个坐标系。坐标系可以是系统默认的,也可以是自己定义的。

构成一个坐标系,需要三个要素:坐标原点、度量单位和轴的方向。

(1) 系统默认坐标系。

坐标原点:在左上角。

度量单位:由对象的 ScaleMode 属性决定。默认为 Twip(缇),1 英寸＝1440Twip。

轴的方向:X 轴向右,Y 轴向下。

(2) 自定义坐标系。

自定义坐标系统有两种方法。

方法一:通过 ScaleLeft,ScaleTop,ScaleWidth 和 ScaleHeight 属性实现:

(ScaleLeft, ScaleTop):容器左上角坐标

(ScaleLeft ＋ ScaleWidth, ScaleTop ＋ ScaleHeight):容器右下角坐标

方法二:使用 Scale 方法实现:

[对象.]Scale [(xL,yT)－(xR,yB)]

当 Scale 后的参数缺省时,恢复为默认坐标系统。

2. 绘图方法

(1) Line 方法。

可以画线段或矩形。语法为:

[对象.] Line [[Step] (x1,y1)]－(x2,y2)[,C][,B[F]]

其中:对象可以是窗体或图形框或打印机;(x1,y1)－(x2,y2)为起/止点坐标;Step 表示坐标是相对于当前位置的偏移量;C 表示颜色;B 表示画矩形;F 表示有填充的矩形。

(2) Circle 方法。

可以画圆、椭圆、圆弧和扇形。语法为：

[对象.]Circle [Step] (x, y), R, [C, S, E, A]

其中：(x,y)为圆心坐标，R 为半径，C 为颜色；S、E 为起、止角度的弧度值(正画弧，负画扇形)；A 为椭圆长短轴比率。

(3) Pset 方法。

用于画点。语法为：

[对象.] Pset [Step] (x, y) [,C]

其中：(x,y)为所画点的坐标，C 为颜色；关键字 Step 表示(x,y)为相对于当前位置的偏移量。

3. 与绘图有关的属性

可以在其中绘图的对象，都有一些与绘图有关的属性(如表 14-1)。

表 14-1　与绘图有关的属性

属性名称	意义	说明
CurrentX，CurrentY	画笔的当前位置	设计时不可用
BorderWidth	线宽	
BorderStyle	线型	
FillStyle，FillColor	填充风格，颜色	
BackStyle	背景是否透明	
FillColor	填充颜色	
BackColor，ForeColor	背景和前景颜色	

实验内容

(1) 编写一个程序，当单击窗体时在窗体和图片框各画一个卡车(如图 14-1 所示)。

图 14-1　实习题(1)的运行界面

(2) 编写一个程序，当单击窗体时在窗体中画出如图 14-2 所示的图案。

(3) 编写一个程序，当单击窗体时在窗体中画出如图 14-3 所示的图案。

提示　若圆的半径为 a，则圆内星形线的方程为：

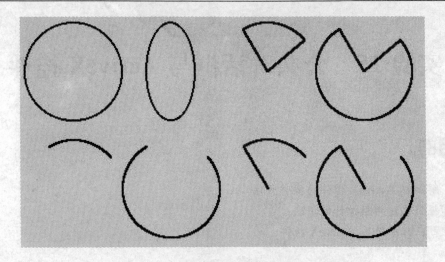

图 14-2　实习题(2)所画的图案

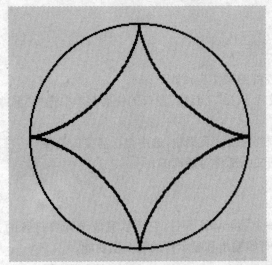

图 14-3　实习题(3)所画的图案

$$\begin{cases} x = a\cos^3 t \\ y = a\sin^3 t \end{cases}$$

实验 15　公共对话框与 ActiveX 控件

实验目的

- 了解加载 ActiveX 控件的操作方法
- 掌握公共对话框控件的用法
- 学习在程序使用 ActiveX 控件

相关知识

1. 加载 ActiveX 控件

加载一个 ActiveX 控件的操作步骤如下：

（1）【工程|部件】或者 从在"工具箱"窗口的快捷菜单中选择"部件"（此时，显示"部件"对话框）；

（2）在"部件"对话框的"控件"页面中，选中自己需要的控件；

（3）单击"确定"按钮关闭部件对话框的。

2. 公共对话框

公共对话框控件是一个 ActiveX 部件，它可以完成选择要打开的文件、指定要保存的文件、选择颜色、选择字体、打印输出和显示帮助等 6 项功能。

（1）加载公共对话框。

【工程|部件】

➡在"部件"对话框中选择"控件"页面

➡选中列表框中的"Microsoft Common Dialog Control 6.0"

➡"确定"（这时，工具箱中出现公共对话框工具按钮 ▦ ）

（2）显示公共对话框。

显示公共对话框有两种途径：

使用 ShowXX 方法

或者

将其 Action 属性设置一个特定的值（如表 15-1）：

表 15-1　Action 属性的值与对应的方法

对话框类型	Action 值	方法
打开(Open)	1	ShowOpen
另存为(Save As)	2	ShowSave
颜色(Color)	3	ShowColor
字体(Font)	4	ShowFont
打印机(Printer)	5	ShowPrinter
帮助(Help)	6	ShowHelp

（3）公共对话框的主要属性。

公共对话框的主要属性列于表 15-2。

表 15-2　公共对话框的主要属性

属性名称	意义	说明
Action	打开公用对话框	各种对话框
DialogTiltle	公用对话框标题	
CancelError	按"取消"按钮是否出现错误信息	
FileName	文件名(包含路径)	"打开"对话框
FileTitle	文件名(不包含路径)	
Filter	过滤文件类型	
FilterIndex	默认显示 Filter 中哪一种类型	
InitDir	初始路径	
FileName, FileTitle, Filter, FilterIndex, InitDir	同"打开"对话框	"另存为"对话框
DefaultExt	缺省扩展名	
Color	返回或设置选定的颜色	"颜色"对话框
Flags	指示所显示的字体类型(必须设置)：1 | 2 | 3 | &H100(屏幕 | 打印机 | 打印机和屏幕 | 显示删除线等扩展选项)	"字体"对话框
Color	字体颜色	
Font…	返回字体名称,字体大小等	
FromPage	起始页号	"打印机"对话框
ToPage	终止页号	
Copies	打印份数	
HelpCommand	联机 Help 帮助类型	"帮助"对话框
HelpFile	Help 文件的路径及其名称	
HelpKey	显示由该关键字指定的帮助信息	

实验内容

1. 编写一个程序，来检验各种类型的公共对话框

程序界面如图 15-1 所示。

图 15-1　实习题 1 要求的程序运行界面

要求

（1）当公共对话框关闭时，用信息框将用户选择的主要内容显示出来（"打印机"和"帮助"除外）；

（2）当用户按公共对话框中的"取消"按钮时，用信息框显示一个提示"用户取消了选择"。

2. 用进度条控件表示某种操作

编写一个程序，用进度条（ProgressBar）控件来表示某种操作（比如产生 10000 个随机整数）的进度。

提示　进度条（ProgressBar）控件在部件"Microsoft Windows Common Controls 6.0"中，在工具箱中的工具按钮为 。

3. 加状态行

为上题程序的窗体加一个状态行（工具按钮为 ），状态行上有两个窗格，分别显示当前日期和时间。

4. 编写一个简单的媒体播放器

可以播放选定的电影（.AVI）或音乐（.MP3）文件。

提示：ActiveX 控件中有媒体播放器控件（部件名为：Windows Media Player），加载后，在工具箱中的工具按钮为 。

实验 16 界面设计

实验目的

- 掌握建立下拉菜单和快捷菜单的方法
- 了解多窗体程序与多文档界面(MDI)程序之间的区别
- 掌握菜单程序、多窗体程序与 MDI 程序的编制方法

相关知识

1. 菜单

(1) 菜单项的常用属性和事件。

每一个菜单项都有自己的属性和事件。其主要属性和事件列于表 16-1:

表 16-1 菜单项的主要属性和事件

属性/事件	名称	意义/触发条件	说明
属性	Caption	菜单标题	1. 若标题(Caption)为减号(—),则表示该项为分隔条。 2. 若标题中含有和号(&),则和号后的字符为热键。
	Enabled	是否是否可用	
	Visible	是否可见	
	Checked	是否选中	
事件	Click	单击	

(2) 建立下拉菜单。

建立下拉菜单的步骤如下:

① 使用菜单编辑器建立菜单结构;

② 编写各个菜单项的 Click 事件代码。

(3) 建立快捷菜单。

建立快捷菜单的步骤如下:

① 使用菜单编辑器建立菜单结构;

② 编写各个菜单项的 Click 事件代码;

③ 在有关对象的 MouseDown 事件代码中加入语句:

If Button = 2 Then

    PopupMenu 菜单名

End If

2. 多重窗体

一个应用程序可以由多个窗体组成,各个窗体彼此独立,完成各自的功能。

(1) 在工程中添加窗体的方法。

【工程|添加窗体】➡…

(2) 多重窗体的有关语句和方法。

① Load 语句

把窗体装入内存。语法为:

Load 窗体名

② UnLoad 语句

把窗体从内存中删除。语法为:

UnLoad 窗体名

③ Show 方法

显示窗体。语法为:

窗体名. Show [模式]

其中:模式＝1|0

④ Hide 方法

隐藏窗体。语法为:

<窗体名>. Hide

(3) 设计多重窗体程序。

① 设置启动对象:

当应用程序包含多个窗体时,创建工程时系统自动建立的窗体为启动对象。如需改变启动对象,可在设计时按下列步骤进行:

【工程|xx 属性】

➡选择"通用"页面

➡在"启动对象"列表中选取启动对象

➡单击"确定"按钮。

② 窗体之间的切换:

在程序中,使用 SHOW 方法和 HIDE 方法来实现窗体间的切换。

③ 结束应用程序:

多窗口应用程序结束时,应卸载所有的窗体。使用 END 语句系统会自动完成此任务。

3. 多文档窗体(界面)

多文档窗体(界面)由一个父窗体(称为 MDI 窗体)和若干子窗体(称为 MDI 子窗体)组成。

(1) 多文档界面的特性:

① 子窗体只能在父窗体内移动;

② 子窗体最小化时,图标在父窗体内;最大化时,充满其父窗体;

③ 子窗体和父窗体都可以有菜单,但一旦加载有菜单的子窗体,则主窗体的菜单就被

覆盖。

（2）创建和设计 MDI 窗体。

创建 MDI 窗体：

【工程|添加 MDI 窗体】

MDI 窗体创建之后，一般应将其设置为启动对象。

设计 MDI 窗体：

MDI 窗体中一般只放置菜单、工具栏和状态栏等对象。

制作工具栏和状态栏所需的控件都在 ActiveX 部件"Microsoft Windows Common Controls 6.0"中。

（3）创建和设计 MDI 子窗体。

只要将一般窗体的 MDIChild 属性设置为 True 即可。

实验内容

1. 编写一个程序，使其具有如图 16-1 所示的菜单结构

要求　当单击某菜单项时，显示内容为"这里完成 XX 功能，但现在还未实现。"的信息框。

2. 按下列要求修改上题所建立的程序

（1）在窗体中添加两个文本框；

（2）把"编辑"菜单作为第一个文本框的快捷菜单，如果文本框中没有内容时，则其快捷菜单的"复制"和"删除"项为不可用状态；

（3）把"删除"菜单作为第二个文本框的快捷菜单，如果文本框中没有内容时，则其自定义的快捷菜单不出现。

3. 编写一个具有三个窗体的程序

要求

（1）把最后一个添加进来的窗体作为启动对象；

（2）在启动窗体中控制第一和第二个窗体的显示（提示：用两个命令按钮）；

（3）当第一个窗体显示后，焦点不能移到别的窗体，而第二个窗体显示后则可以；

（4）当启动窗体关闭时，整个程序结束运行。

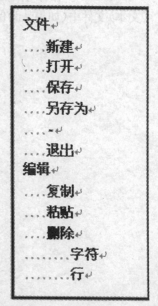

图 16-1　实习题 1 的菜单结构

4. 编写具有 1 题所给菜单结构的多文档界面程序

程序运行界面如图 16-2 所示。

要求

（1）程序启动时，DMI 子窗体自动显示；

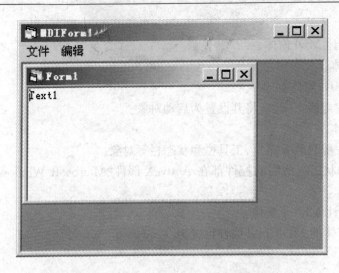

图 16-2　实习题 4 要求的程序运行界面

　　(2) 实现"打开"菜单项的功能,即能够把指定的(文本)文件的内容显示在 DMI 子窗体的文本框内,文件打开后,DMI 子窗体的标题变为该文件的名字;

　　(3) 实现"保存"菜单项的功能,即能够把 DMI 子窗体的文本框内中内容保存到指定的(文本)文件中(如果从为保存过,应该显示保存文件对话框)。

实验 17　对象的拖放操作

实验目的

- 学习使用对象的拖放操作
- 掌握对象的键盘与鼠标事件的作用
- 掌握使用这些技术编写解决实际问题的方法

相关知识

1. 对象鼠标的事件

MouseDown：鼠标按钮按下时触发

MouseUp：鼠标按钮放开时触发

MouseMove：鼠标移动时触发

该类事件过程都有 4 个参数：

Button As Integer，Shift As Integer，X As Single，Y As Single

其中：

Button 表示所按的鼠标按钮：

0＝无,1＝左,2＝右,4＝中,3,5,6,7＝1,2,4(即左、右、中)的组合。

Shift 表示所按的组合键：

0＝无,1＝Shift,2＝Ctrl,4＝Alt,3, 5, 6, 7＝1,2,4(即 Shift、Ctrl、Alt)的组合。

X,Y：位置坐标。

2. 拖放的实现

(1) 实现拖放的两种模式。

自动拖放：拖放过程是自动实现。

手工拖放：拖放过程由代码实现。

(2) 与拖放相关的属性。

DragMode：设置对象的拖放模式。

DragIcon：设置对象移动时的图标(文件)。

(3) 与拖放相关的事件。

DragOver：源对象被拖入该对象时触发。

DragDrop：源对象被放到该对象上时触发。

这两个事件过程都至少有这三个主要参数：

Source As Control，X As Single，Y As Single

其中：

Source：被拖动的对象（源对象）。

X，Y：当前鼠标的坐标位置。

（4）与拖放相关的方法。

Drag：实现对拖放过程的控制。其语法为：

obj. Drag［p］

其中：

obj 为对象名，p＝0｜1｜2（取消｜开始｜结束）拖放，省略时为1。

3. 拖放的实现

（1）自动拖放的实现。

设计自动拖放程序的一般过程：

① 将源对象的 DragMode 属性设置为1；

② 在目标对象的 DragDrop 事件中完成相应的操作（比如，通过 Move 方法将源对象移到当前鼠标位置，或者在源对象和目标对象上完成特定的操作，等等）。

（2）手工拖放的实现。

设计手工拖放程序的一般过程：

① 将源对象的 DragMode 属性设置为0；

② 在源对象的 MouseDown 事件中用 Drag 方法启动拖放；

③ 在目标对象的 DragDrop 事件中完成相应的操作（比如，通过 Move 方法将源对象移到当前鼠标位置，或者在源对象和目标对象上完成特定的操作，等等）。

手工拖放虽然需要在源对象的 MouseDown 事件写代码，但它比自动拖放更灵活。比如，要想将一个列表框中选中的项目拖到一个文本框中，自动拖放方式就无法完成。

实验内容

1. 编写一个拖放操作检验程序

运行时界面如图 17-1 所示。

要求 当把源控件（左边的三个）拖到图片框中放下时，是将源控件的（选中的）内容放到（复制到）图片框中；当把源控件拖到窗体的其他位置放下时，是将源控件移动到该位置。

提示

（1）列表框使用人工拖放方式，其他控件使用自动拖放方式；

（2）在目标图片框的 DragDrop 事件中需要用到逻辑表达式"TypeOf Source Is 对象类型"来判断源对象（Source）的类型，以便进行相应的操作。其代码结构为：

```
Private Sub picD_DragDrop(Source As Control, X As Single, Y As Single)
    If TypeOf Source Is Label Then 'Source 是标签
        …
```

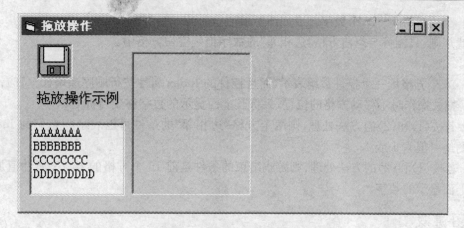

图 17-1 实习题 1 的程序运行界面

ElseIf TypeOf Source Is PictureBox Then 'Source 是图片框

...

ElseIf TypeOf Source Is ListBox Then 'Source 是列表框

...

End If

End Sub

2. Puzzle 游戏

程序界面图 17-2 所示。

图 17-2 实习题 2 设计界面

要求 当单击"开始"按钮时,将 1～15 个数字随机地填在 16 个方格中的 15 个里,用户可以开始游戏。当用户将 1～15 个数字排成如图所示形状时游戏结束。

游戏规则：只能将与空白方格"边相邻"的数字拖到空白方格中。

提示

（1）16 个方格用一个控件数组表示，而且控件的 Index 属性按行顺序递增（0～15）；

（2）拖放操作时不移动方格的位置，只将其上面显示的数字移到目标处；

（3）若按（1）和（2）的方法处理，则两个方格"边相邻"的条件可以表示为它们的 Index 属性之差的绝对值为 1 或 4；

（4）若按（1）和（2）的方法处理，则游戏结束的条件是前 15 个方格的 Index 属性值加 1 都等于其上面显示的数字。

3. 拼图游戏

将一个图片分割成若干块，随机地撒在窗体上，用户通过拖放操作将图片复原。

提示　使用 ActiveX 控件 PictureClip。

实验 18　综合应用

实验目的

通过使用 VB 实现一个简单的应用程序，来检验学生综合应用所学知识的能力。

实验内容

编写一个个人通讯录管理程序。程序设计界面如图 18-1 所示。

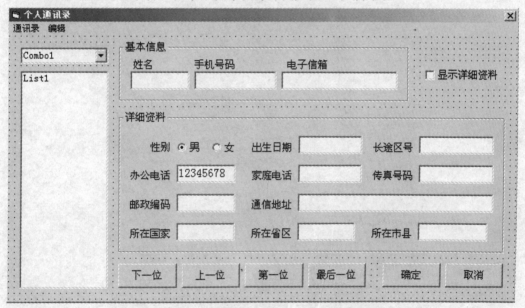

图 18-1　个人通讯录管理程序设计界面

要求

（1）通讯录数据用文本文件保存；

（2）"通讯录"菜单中包含"同学"、"同事"、"老乡"、"全部"和"退出"等 5 项，前四项表示友人类别；"编辑"菜单中包含"添加"、"删除"和"修改"三项功能，分别表示添加新友人信息记录、删除和修改当前显示的友人信息；

（3）在下拉列表框 Combo1 列出友人的类别（与"通讯录"菜单中的项目对应）；

（4）在列表框 List1 中列出 Combo1 中选定的一类友人的名单；

（5）当"显示详细资料"复选框无效时，不显示"详细资料"；

（6）"下一位"等 4 个按钮用来顺序浏览各个友人的基本信息及详细资料；"确定"和"取消"按钮只在"添加"和"修改"信息时才可以使用，分别表示对输入信息的确认和"取消"。